U0179018

王斌——

著

技术

TECHNOPHOBIA
Traceability, Evolution and Value

恐惧

溯源、演变与价值

四川人民出版社

尔文

趣物博思　科学智识

目　录

前　言

　　英国作家 E. M. 福斯特在其中篇小说《机器停止》中，写到反乌托邦地下世界的人类居民发现了"机器"。虽然机器最初只是一种工具，服从于它的人类主人；但随着时间的推移，人类已经在舒适和欲望中悄悄地、自满地陷入颓废，只剩机器还在不断进步。随着机器的最初开发者逐渐死亡，了解机器功能的人越来越少。修补装置遇到故障导致机器发生故障，而因无人掌握修理技能，机器便在没有任何警告的情况下停止了运作，致使无数人类丧命。然而，其中一个角色却说道："哦，明天，明天会有一些傻瓜再次启动机器！"

　　当今时代是科技时代，人们越来越多地享受着科技进步带来的诸多福利。但是，随着技术的发展进步及其对人类生活的不断渗透，技术的负效应也日益显现并引起人类的恐惧反应，形成了独特的"技术恐惧"这一社会心理。技术恐惧现象越来越普遍并造成了很多消极影响，但是，当前研究对技术恐惧产生的根源和规律分析较少，技术恐惧的积极意义与价值尚未被充分认识和深刻理解。通过对技术恐惧进行溯源并分析其演变进程，我们能够深入研究技术恐惧带给技术和人类的积极价值。这项研究不仅在理论上有助于完善技术恐惧价值理论体系，即为技术治理体系构建提供理论依据并深化认识技术与人的辩证关系，而且在实践上有助于找到消解公众技术恐惧的路径，同时发挥技术恐惧的正面价值，完善中国特色的技术恐惧治理体系建设。

技术恐惧包含"技术"和"恐惧"两个基本概念，我们通过对"恐惧什么""谁在恐惧"和"恐惧如何表达"三个基本问题的追问，从技术的主体、客体和情景三个角度梳理了技术恐惧的含义和类型，澄清了技术恐惧的概念，提出技术恐惧是特定情境下人的内在危机与技术负效应的交互作用的反应。

虽然直到 20 世纪，技术恐惧的概念才被明确提出，但技术恐惧已经长期存在并将贯穿于人类历史发展的始终。通过技术恐惧溯源分析，发现在以计算机技术为代表的现代技术恐惧正式诞生前，工业革命背景下的卢德主义运动才是近现代技术恐惧的雏形。如果说，近代西方启蒙运动开启了近代技术恐惧的思想之源，那么，古代东方文化中的技术批判则孕育着古代技术恐惧的文化之源，如远古时期中国神话故事就是朴素技术恐惧的神话起源。从哲学上审视技术恐惧的起源，西方"二元对立"哲学深刻揭示了技术恐惧中人与技术的背离；而东方"天人合一"的一元论哲学，则充分强调了技术恐惧中技术与人的整体性。

技术恐惧依附于技术并伴随着技术的发展进步而不断演变，在技术恐惧的历时性过程演变、共时性形态演变和文化性演变基础上，我们总结分析了技术恐惧的演变规律。技术恐惧的历时性过程演变包含从技术恐惧起源到机器与计算机恐惧，再到当代技术恐惧，最后到未来技术恐惧的演变等三个阶段。技术恐惧的共时性演变是从泛化的初级技术恐惧到实在发生的次级技术恐惧，再到未知不确定的终极技术恐惧的三个形态。通过文化性演变分析，我们可以发现，现代技术恐惧深受西方"罪文化"和东方"耻文化"的交替影响，以及传统匠人文化与近现代工人文化的融合影响。最后，技术恐惧演变的五个规律得以逐一呈现：从单一技术恐惧走向复合型技术恐惧；从技术后进期的相对未知性技术恐惧走向技术领先时期的绝对未知性技术恐惧；从死亡技术的显性恐惧走向生命技术的隐性恐惧；从主体性延展的技术恐惧走向主体性丧失的技术恐惧；最终从技术现象的实在性恐惧走向技术体系的存在性恐惧。

在技术恐惧历史溯源和演变分析的基础上，我们将进一步解析技术恐惧的主体性、客体性和文化性特点，为技术恐惧的价值解析奠基。

一方面，技术恐惧是技术客体负效应引发的恐惧反应，具体物的机器技术恐惧指向具象化的客体实在性，非实物的互联网技术恐惧则指向抽象泛化的客体存在性；核技术恐惧指向技术的风险破坏性，而生物医学技术恐惧指向技术的未知不确定性。

另一方面，技术恐惧根本上是人的恐惧，是主体性内在危机反应的现象存在，技术设计者、技术使用者和技术幸存者有不同的技术恐惧表现。比如，疫苗技术恐惧的主体性实证分析发现技术用户的性别、职业、学历、婚姻、居住地、是否接种疫苗以及决策方面都影响着技术恐惧。

基于人类自然本性遭遇技术冲击和社会属性遭遇技术背离的主体性解析，可以预测到，在"人类世"时代伴随科技的进步和发展，人类主体性恐惧就有不断增多的趋势。因此，主体人与客体技术的交互过程建构了特定的文化情景性。

基于中国文化的技术恐惧分析发现，中国传统的敬畏心和谦卑心是古代朴素技术恐惧的思想基础，而近现代以来自卑与自负交互作用导致朴素技术恐惧不断蔓延和泛化。当代文化自信则促进理性技术恐惧的形成，在多元文化整合下，技术恐惧进入新阶段，这个阶段的特点是，它约束了技术客体的负效应，唤醒了技术主体的风险警觉。

我们对技术恐惧的价值解析首先从主、客体性两个方面分别展开，在认识理解技术恐惧的负面影响之基础上，深入分析技术客体性视角下的技术恐惧，其具有促进技术创造性发展和创新性转化的正面价值；主体性视角下的技术恐惧通过双重防护，具有促进人类从脆弱性发展到韧性的正面价值。接下来，对技术恐惧进行了价值整合的论证，一方面通过兼顾技术理性与人文性之间的平衡、技术民主化治理和人类爱与希望等方法，消解技术恐惧的负面影响；另一方面通过发挥技术恐惧的积极启示作用，唤醒风险意识并警醒人类的越界行为，预防技术的破坏性后果和开启技术未知不确定性的技术边界，给技术未来发展方向带来启发，实现技术恐惧的正面价值强化。最后，提出从技术恐惧走向技术敬畏，实现化被动为主动的主客体双向交互过程，实现在技术客体性中追求技术的真善美和在人类主体性中探索人类希望与自由，并最终实现技术恐惧的价值升华与重塑。

最后，借助代达罗斯技术迷宫的哲学启示，我们将从主体性、客体性和文化性三个角度展望技术恐惧的哲学反思和未来研究方向，进而探索技术恐惧治理。同时，我们会从文化自信奠定技术恐惧治理的文化基础、马克思哲学思想指导技术恐惧的方向、提升技术恐惧科学素养是技术恐惧治理的有效路径、向往和追求幸福美好生活的是技术恐惧治理的目标愿景等四个方面，提出构建中国特色的技术恐惧治理体系的具体方法和建议。

福斯特的警示故事显然是一个寓言，它警告我们：当人类过于依赖技术来满足自身需求时，可能造成隐私的泄露和人性的丧失；当人们对某种技术知之甚少时，社会得以维系的基本价值可能面临风险。当今时代，技术发展日新月异，尤其是近期以 ChatGPT 为代表的人工智能技术更是获得了新的突破，人们在享受新技术便捷生成程序、图画、方案等的同时，也不得不面临该技术带来的劳动力竞争加剧和由此产生的失业威胁，以及对其替代人类和伤害人类等潜在风险的焦虑。人们在为新技术欢呼和呐喊的同时，也对技术有着不同程度的担忧和恐惧。所以新的技术恐惧总是不断地伴随新技术的诞生而来，如影随形，挥之不去。我们应为人类未来谋福祉，以规避风险为导向，在研究技术恐惧中形成一套应对技术恐惧的智慧，担负起责任与道义，对技术进行反思、理解与驾驭，将技术纳入健康发展的轨道。我们需要在技术风险迭起的当代社会正确认识技术恐惧现象，学会在恐惧中上下求索，勇毅前行。

第一章

从恐惧到技术恐惧

恐惧比世界上任何事物更能击溃人类。

——［美］拉尔夫·沃尔多·爱默生

一、从恐惧到技术恐惧

恐惧是人类古老的情绪，是人类的"喜怒哀惧"四种基本情绪之一，也是人类情绪不可或缺的组成部分。随着技术的发展进步及其对人类生活的渗透，技术的负效应也日益显现，并越来越多地影响人类的基本情绪。换言之，人类的喜怒哀惧等基本情绪与技术的相关性越来越密切。现代社会不断进步，人类的情绪问题似乎越来越多，这一恐惧变化发展规律可能与技术发展进步也密切相关。由于技术带来的进步和便利越来越多，人类因此产生喜悦、快乐等积极反应的现象也越来越多；与此同时，新技术的适应性困难、不确定性和不可预知风险似乎越来越多，因此而产生的焦虑、恐惧甚至愤怒等消极反应似乎也越来越强烈。在这个意义上，人作为一个高敏感性的物种对技术做出的恐惧反应存在，即人对技术的不确定性、风险性等负面效应而产生的消极情绪、态度和行为综合反应。技术恐惧作为人对技术负效应的反应，是人与技术交互关系中的特殊性存在，一方面依附于技术与人的复杂关系系统，另一方面又对人与技术的关系产生能动的调节作用。

恐惧现象的广泛存在，虽然引起了越来越多的关注和研究，但是人们对技术恐惧这一特殊领域的研究仍相对较少。

从技术哲学层面研究技术与人的关系涉及技术恐惧，但是当前研究对技术恐惧产生的根源和规律分析较少，缺少真正跨学科多元分析、深入揭示技术恐惧本质和价值的综合研究，对技术恐惧的起源、演变、发展规律都有待深入研究和持续探索，尤其是技术恐惧的价值尚未被充分认识和理解。

近年，关注度极高的贺建奎基因编辑婴儿事件、"脸书"（Facebook）用户数据泄露事件、人工智能的种族偏见等带来的技术恐惧已经产生了巨大的社会影响，也给技术治理带来了新的启示和思考。技术恐惧可以被视为调节器，把科学技术发展的速度、完善度和方向与人的适应水平和接受程度二者维持在一个平衡水平上，从而实现技术的可持续发展。技术恐惧也对人类的生活质量，尤其是幸福感有着重要的影响和强烈的冲击，但同时如果缺乏技术恐惧或技术敬畏，人类的长远利益也可能因为对技术风险的集体无意识，而遭受不可预知的破坏。

党的十九大报告指出，人民日益增长的美好生活需要和不平衡不充分的发展之间的矛盾成为中国社会的主要矛盾。满足幸福美好生活的需要，应增加幸福感，减少恐惧焦虑等负性情绪体验，其中重要内容之一就是消解公众的技术恐惧。除了心理学意义上的恐惧心理治疗，更需要社会学、文化学、政治学、经济学等多学科综合研究并提供社会系统资源，以及具体分析基因技术、网络技术、核技术等不同技术类型带来的技术恐惧的差异性及其规律，才能应对技术恐惧、更多地实现幸福美好生活的需求。在"绿水青山就是金山银山"的思想指导下[2]，中国为实现"两个一百年"奋斗目标而努力，我们承认科技是第一生产力的前提，但也需要通过技术恐惧唤醒人类警觉性并调动应对资源，充分认识技术负效应和未知风险，形成合理的技术态度，逐步完善发展技术这一客体，并规约发明和使用技术的人类主体，探究技术恐惧的正面价值和意义。

从科学技术发展视角看，人类已经进入科技高速发展的新时代。在 18 世纪以前，知识更新的速度是一百年翻一番，然而 20 世纪 90 年代以来，知识更新速度已经是每三五年增加一倍。过去的 50 年里，人类社会的知识增长比人类诞生以来几千年的总量还要多。在高速发展的科学技术带给人类幸福美好生活的同时，相伴而来的也有技术负效应，比如智能手机与网络依赖成瘾、核泄漏与核废料威胁人类环境、机器技术大发展替代人类部分功能导致人类丧失工作机会、互联网信息技术带来的信息过载焦虑和隐私泄露不安全感、人工智能过度发展或滥用的风险可能导致对人类灭亡的担忧、生物医学技术威胁人的主体性以及技术先进国家对技术后进国家的技术压制或威慑等。这些负效应给不同人群、不同国家和地区、不同个体带来了不同程度的技术恐惧，技术恐惧成为越来越广泛的存在并对人和技术产生越来越大的影响。

所以，澄清技术恐惧的概念，对技术恐惧溯源并探索其演变，分析技术恐惧的规律，解析技术恐惧的价值，从而梳理技术恐惧消解的合理进路，并借助技术恐惧的积极启示推进技术的发展进步和技术服务于人的目的性价值实现，这将具有重要的理论和实践意义。因此，关于技术恐惧有待研究的主要问题如下：

第一，技术恐惧是什么？在认识论层面探析技术恐惧主体、客体及其如何发生，并认识技术恐惧的不同类型，进而探索技术恐惧的起源是什么。

第二，技术恐惧如何发展演变？从现象学和存在主义视角，分析技术恐惧的不同形态、演变过程和文化特点，探析技术恐惧的发展演变规律是什么。

第三，技术恐惧有什么价值？在技术恐惧主体性、客体性和文化性解析的基础上，澄清技术恐惧的负面影响和正面价值。如何走出技术恐惧价值认知误区，实现价值整合与重塑，构建中国特色的技术恐惧治理体系？对技术恐惧的正面价值和负面影响进行辩证分析，消解其负面效应并强化正面价值，实现技术创新的完善和发展进步；同时，实现人的自由解放并帮助人追求幸福美好的生活。

对技术恐惧的起源、演变和价值研究，是为了通过现代技术恐惧的诞生逆序进行技术恐惧历史溯源，认识技术恐惧从起源发展到今天的完整过程，最终厘清技术恐惧的演变规律。通过对技术恐惧主体性、客体性、文化情景性等进行分析，并对技术恐惧进行价值重塑，一方面能够唤起人们对技术的恐惧以实现其正面价值，另一方面能够消解技术恐惧的负效应、完善技术恐惧价值理论体系，为技术治理体系构建提供理论依据。深化认识技术与人的辩证关系，完善技术恐惧价值理论体系，为技术治理体系构建提供理论依据，正是技术恐惧的理论意义。

与此同时，技术恐惧的正面价值可以预见技术风险，化解技术强力的破坏性，建立技术规约机制，在技术发展速度与人的适应接受程度中发挥调节作用，从而促进技术可持续发展，指导基于"文化自信"的中国特色技术治理体系建设实践。对技术恐惧的研究还可以在实践上进一步帮助公众认清技术恐惧的规律，找到消解公众技术恐惧的路径，增强公众接纳和适应技术发展变化的适应性能力，降低不合理的技术恐惧感，提升个体和社会层面的心理健康素养，更好地满足人民群众对幸福美好生活的需求。

二、国内外技术恐惧研究现状

（一）国外技术恐惧研究现状

美国思想家爱默生认为，恐惧比世界上任何事物更能击溃人类。[3] 技术恐惧是一种重要的技术心理反应现象，杰夫（Tomothy Jay）在 1981 年发表了题为《计算机恐惧：如何应对它》（"Computerphobia：What to Do About It"）的文章，认为计算机恐惧包含情绪、行为、态度三种成分[4]，其外延包括拒绝使用计算机、对其表现出焦虑感或恐惧感，进而产生敌对情绪，甚至有攻击破坏电脑的想法或行为等[5]。在杰夫第一个提出技术恐惧概念之后，越来越多的研究者开始进行多元化的技术恐惧研究。

技术恐惧的内涵、外延、分类、根源、价值等方面都引起了国内外学者的研究兴趣并出现了多元化的研究成果。一些学者通过研究不同类型技术产品的使用情况以及由此产生的心理反应，认为技术恐惧是一种面对技术的消极心理反应；一些学者提出了技术恐惧的构成公式[3]；也有研究者从性别差异的角度分析科技时代背景下的技术恐惧，认为女性比男性更容易产生技术恐惧；还有研究发现老年人和学历较低的人更容易产生技术恐惧，而年轻一代和高学历等相关人群更容易接受新技术[5]。

1. 技术恐惧概念形成及发展的研究

早期对技术恐惧的研究包括：杰夫的计算机恐惧[4]，西蒙斯与毛雷尔（Michael R. Simonson & Matthew Maurer）的计算机焦虑[6]，布罗德（Craig Brod）的技术应激等概念[7]，罗森与威尔（Larry Rosen & Michelle Weil）对技术恐惧进行评估进而提出了心理模型[8]。随着研究的深入，技术恐惧的外延从计算机技术延伸到整个现代技术体系。[9] 其中，关于技术崇拜、技术依赖、技术压力等方面的研究内容越来越多。

随着技术恐惧的跨学科研究不断增多，技术哲学、教育学、心理学、社会学、管理学、经济学、生物学、计算机科学和行为科学等领域的研究者纷纷加入技术恐惧的研究队伍，对技术恐惧的关注和讨论也频频出现在社会公众视野中（如图1.1）。研究发现，国内的技术恐惧心理学研究成果较少，国外对反映技术恐惧的历史文化渊源的永恒性技术恐惧的研究也甚少，在技术相对落后国家中，技术恐惧研究的独特性成果甚是缺乏[10]。

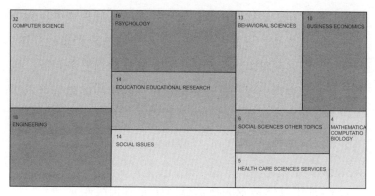

图 1.1　技术恐惧的跨学科研究

2. 技术恐惧早期思想散见于技术哲学研究

雅思贝尔斯（Karl Jaspers）、海德格尔（Martin Heidgger）、弗洛姆（Erich Fromm）、马克思（Karl Marx）、伊德（Don Ihde）[11]等人的技术批判思想都与技术恐惧相关。芒福德（Levis Mumford）的心理化技术哲学提出了技术恐惧的心理起源[12]；埃吕尔（Jacques Ellul）技术自主论揭示了技术自身的连续性和内在逻辑性有助于形成独立且复杂的技术系统，该理论同时也揭示了技术的风险[13]；格兰蒂宁（Chellis Glendinning）指出人类过于依赖技术而丧失了对技术危险的知觉[14]；芬伯格（Andrew Feenberg）提出生态技术观[15]，强调重构技术代码和技术现代性，让技术前进到自然从而消解技术恐惧及其风险；约纳斯（Hans Jonas）提出了恐惧启示法[16]，解析了技术恐惧的积极意义和正面价值。

其中，恐惧启示法是约纳斯在他的著作《技术的道德原则》中提出的一种伦理学方法。该方法旨在面对现代技术带来的伦理挑战时，强调个体和社会对未来可能发生的灾难性后果负有责任。约纳斯认为，现代技术的发展带来了巨大的潜在风险和威胁，可能对人类生存和环境造成严重的伤害。他认为我们必须以恐惧为基础，意识到这些潜在的危险，以便在行动中表现出责任感和谨慎态度。约纳斯的恐惧启示法呼吁个体和社会对技术的发展负有责任，并强调了预见潜在风险、以长远利益为导向的行动和对未来世代的关注。

3. 基于具体技术的技术恐惧研究增长快速

随着科学技术的进步和发展，20世纪80年代以来，技术恐惧从计算机技术恐惧开始，逐渐延伸到该技术相关的计算机教学技术恐惧等领域；再随着互联网发展延伸为计算机网络相关的信息技术恐惧，以及对移动互联网、人工智能的技术恐惧等纵向发展路径。

技术恐惧的相关研究在不同历史时期得到了快速的发展，通过中国知网（CNKI）的"技术恐惧（Teachnophobia）"主题词检索，在2000年前后其研究量仅为100篇左右，在2018年后其相关研究已经急速增长了2倍多，有320余篇（如图1.2）。而在技术的横向比较中，计算机恐惧和生物技术恐惧，以及物理化学技术恐惧等领域的研究正快速增长。因为人们对技术了解更多，掌握更多，对幸福生活的向往也更多，所以对技术恐惧的研究也就日益增多。

此外，拥有技术就必然会有技术的风险，所以会产生技术恐惧；但是丧失技术或技术物也会带来技术恐惧，因为如果技术不再进步或者人们已经对技术产生了强烈的依赖性时，人们对失去技术福利的恐惧会有强烈的感受，所以对于无手机恐惧症等的研究也与日俱增。技术恐惧从计算机领域延伸到工程学、心理学、社会学、行为科学、教育学、商学等各个领域[10]，研究有较大的发展，但是技术恐惧研究量总体上仍然偏少，研究体系尚未形成。

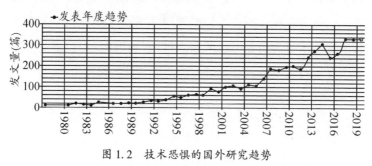

图 1.2 技术恐惧的国外研究趋势

（二）国内技术恐惧研究现状

国内学者陈红兵、赵磊、刘科等从技术哲学视角对技术恐惧有一定研究，内容主要涉及技术恐惧的研究综述[3]、现状及问题[16]、东西方文化比较[17]、结构与生成模型[18]、积极启示[19] 等，也有研究具体教育教学技术恐惧[20]、信息技术恐惧[21]、转基因食品技术恐惧[22]、无手机技术恐惧[23]等。总体而言，国内外对技术恐惧的研究历史较短，研究成果数量较少，但近年来，国内学者对"技术恐惧"问题的研究呈上升趋势，研究内容涉及技术恐惧的含义、类型、根源、结构等方面[24]；研究领域涉及文史哲、伦理、心理、经济、教育、管理、传播等多学科[10]。

国内技术恐惧的研究总体上还处于起步阶段[25]，技术恐惧的关注度不高，研究文献偏少，2020 年在中国知网的"技术恐惧"关键词检索只有 12 篇（如图 1.3）。但是，伴随着技术的高速发展和科技是第一生产力的战略，技术恐惧现象在国内并不鲜见。比如核辐射、转基因食品、网络安全、环境生态污染等技术相关领域的焦虑和恐惧呈现日益上升的趋势。这些客观存在的技术恐惧现象呼唤科学家和哲学家关注且重视技术恐惧研究，唤醒公众的理性认知反应，避免技术恐惧导致技术发展迟滞或对人类造成负性心理冲击等。

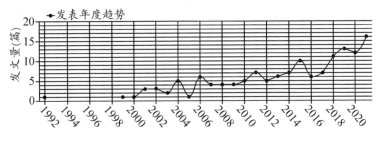

图 1.3 技术恐惧的国内研究趋势

综合文献研究发现，国内技术恐惧的研究总体上呈现以下特征：

第一，不同领域的技术恐惧研究不均衡。对于生物技术领域的技术恐惧研究比较多，尤其是转基因技术引发的对安全和风险的担忧，延迟了对生物技术的接纳，也对该技术的发展有一定的延缓。[16] 刘科认为应该从政策和心理等方面采取技术恐惧对策[19]；张玲等研究了转基因食品恐惧及应对策略[26]；李春光等则对于计算机、信息、网络相关领域的技术恐惧进行了比较全面的研究，分析了原因也提出了对策[27]。但是，其他领域的相关技术恐惧研究仍参差不齐，比如对纳米技术、量子技术、基因编辑技术等诸多前沿科技领域的技术恐惧研究成果还非常少，亟待加强。

第二，技术恐惧研究视角的多样化与交叉性相结合。技术恐惧的本质、作用、原因、对策等理论研究正在增长，刘科[17]、王斌等[1]从文化视角讨论了技术恐惧的原因、价值和对策。陈红兵作为国内最早研究技术恐惧的学者之一，综合介绍了国外技术恐惧研究内容及其对国内研究的启示[3]；刘科在研究方法上将理论研究和实证研究相结合，又从技术哲学、伦理学、心理学等视角研究技术心理、技术悲观主义、技术伦理等，都涉及技术恐惧的部分内容[19]；张旭在卢德运动、环保运动、绿色运动等方面也对技术恐惧有零星的分析[16]，丰富了技术恐惧研究的多元性和交叉性。

伴随着技术发展的加速进行，技术利益和技术成本也同时以相应的速度增加，人们对技术负面效应与风险的警觉性也会显著增加，与技术相关的压力带来的技术焦虑和技术恐惧等，作为技术心理反应和文化存在会越来越受到关注，相关研究也会越来越多，并且最终呈现多元化、系统化和学科交叉的特点。从表现层面看，技术恐惧是一种负性消极的社会心理反应和文化现象，但透过现象进行深层次分析，可以发现技术恐惧是人类主体的社会适应问题。此外，技术恐惧在实践层面与理性层面、个体层面和社会层面、历时维度和共时维度上都有着尚待继续深入研究的诸多问题。

（三）国内外研究不足分析

国内学者赵磊提出，当前技术恐惧存在的问题有以下四个方面：对永恒性技术恐惧的研究比较少；对技术恐惧的历史文化原因分析不足；对技术后进国家的技术恐惧研究太少；重实际、重应用的研究较多，哲学视角的理论分析甚少。[25]

法国技术哲学家戈非（Jean-Yves Goffi）提出了永恒性的技术恐惧[28]，但是后来学者对此论点的研究太少，对技术恐惧中蕴含的技术与社会、人性、文化等相互关系的认识，还远远不够。从文化历史的角度进行系统的研究和分析也比较少，对于技术先进和技术后进国家之间的对比研究更是接近空白。目前，对技术恐惧的负面作用关注较多，但是对技术恐惧正面价值的研究和认识还有待深入。当前研究主要存在以下不足：

第一，技术恐惧作为人与技术关系中的一种特殊性存在，其价值包含正负两个方面，并对技术和人具有双向调节作用，当前的研究涉及双向调节价值的研究偏少。现有技术恐惧研究的主要落脚点放在了技术客体上，虽然强调了通过技术的科普、革新和完善实现技术服务于人的目的。但是，技术恐惧这一特殊存在，一方面对人的安全感、幸福感等主体性需要产生了负性破坏性作用，同时也具有激活人类恐惧本能，增加对风险的觉知，唤醒对人的客体性自由的有效规约，能够实现人的主客体属性解放、整合和辩证统一等正面价值。

第二，当前技术恐惧的研究主要聚焦其一般性特征，基于不同文化情境、不同时空维度、不同主体、不同客体的技术恐惧演变和差异性分析比较缺乏，尤其是对技术恐惧回溯性分析不充分，对技术恐惧的起源、演变与规律的探析有待深入开展系统的研究。

第三，针对单一技术、单一人群、单一学科的技术恐惧相关社会调查研究有一些基础，但是跨学科交叉研究还不够，技术恐惧相关研究中还缺少实证的支持。

三、如何更好地开展技术恐惧研究

（一）技术恐惧研究基本思路

通过技术恐惧的东西方哲学基础差异性分析而对技术恐惧溯源，总结发现技术恐惧演变规律，并在此基础上进行技术恐惧的主体性、客体性和文化性解析。最后，发掘技术恐惧的正面价值并消解技术恐惧的负面效应，即通过技术恐惧调节实现人与技术关系的平衡与张力，实现技术恐惧价值整合与重塑，构建中国特色的技术恐惧治理体系（如图1.4）。

基于此思路，技术恐惧的研究主要从以下几个部分展开。

1. 技术恐惧概念与溯源

"技术恐惧（Technophobia）"是由"Techno"与"Phobia"组合构成，表示对技术或工艺产生惧怕或恐惧。英汉词典将技术恐惧解释为"对技术对社会及环境造成不良影响的恐惧"[3]，与之相近和相关联的技术概念，还有技术应激和技术焦虑等。

在与技术恐惧相关的科学研究中，杰夫[4]、毛雷尔[6]、

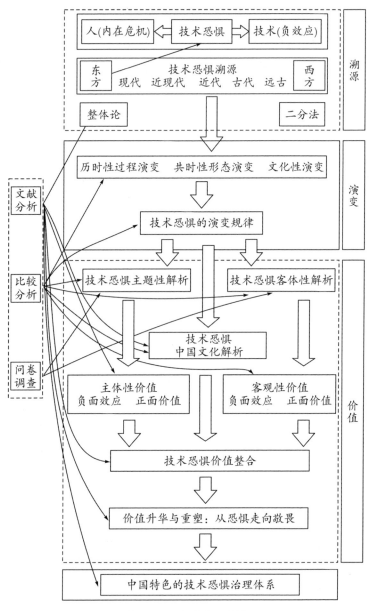

图 1.4　研究思路示意图

布罗德[7] 分别提出计算机恐惧概念、计算机焦虑、技术应激等概念。罗森与威尔采用量表合作评估技术恐惧，提出了技术恐惧的心理模型等[8]，使得技术恐惧概念的内涵、外延都发生了巨大的变化。杰夫认为"计算机恐惧"的外延包括行为、情绪、态度三个方面[4]，分别是拒绝谈论甚至拒绝想到计算机、计算机引发焦虑感或恐惧感和对计算机的敌对情绪导致攻击破坏计算机的念头或行为[3]。布罗德把技术应激界定为：无法以健康方式应对计算机技术而引起的适应障碍。[7]

芒福德的心理化技术哲学认为，技术起源于心理，因为人与自然、社会以及他人互动并产生了丰富的情绪情感心理活动，如焦虑、失望、恐惧、过度幻想和过度同情等，由此形成了基于人脑进化而来的人的内在心理危机。[12] 在这个意义上，技术本身就是人类焦虑、恐惧等心理危机的产物，而技术恐惧本质上是主体人的内在心理危机借助技术客体形式进行表达的过程。技术是伴随着人类的进化而产生的，所以有人就有恐惧，有恐惧也就有技术恐惧。从历史角度看，技术恐惧可以追溯到人类早期的技术，比如东方的钻木取火技术，包含着"不焚林而猎"等朴素的技术恐惧思想；西方的普罗米修斯盗火而受到宙斯的惩罚，也包含着人类自身力量弱小而敬畏神明的恐惧思想；等等。

技术恐惧也是一种对技术不确定性和风险性的消极心理反应。东西方传统文化中的"万事不由人安排""谋事在人，成事在天"等，都表明行动背后有失败风险。人们寄望于老天爷或上帝，就是因为人们通过技术手段无法获得确定性的结果，无法应对未知的风险。因在现实世界感到无奈，才会退回到神话和宗教里，追寻一种虚幻安全感。东方文化倡导修身养性的内在道德，西方文化倡导宗教净化心灵，东西方不同的文化背景导致技术要么受到鄙视和排斥，要么被赋予某种神秘色彩。[30] 但无论如何，追溯技术恐惧的起源和早期形态，认识了解其演变过程与规律，都具有独特的理论意义和现实价值。

技术恐惧虽然直到 20 世纪才被明确提出，但技术恐惧已经长期存在并贯穿于人类历史发展的始终。溯源分析发现，在以计算机技术为代表的现代技术恐惧正式诞生前，工业革命背景下的卢德主义运动就形成了近代技术恐惧的雏形。西方思想启蒙运动在消解永恒性技术恐惧的同时，又开启了新的焦虑和恐惧。在东方，古代中国文化中的技术批判也孕育着技术恐惧的萌芽，例如种种远古时期的人类早期神话故事就蕴含着朴素的技术恐惧思想。西方"二元对立"哲学深刻揭示了技术恐惧中人与技术的背离[31]，东方"天人合一"的一元论哲学则充分强调了技术恐惧中技术与人的整体性[32]。

2. 技术恐惧的演变规律分析

技术恐惧依附于技术并伴随着技术的发展进步而不断演变，结合技术恐惧的历程演变、形态演变和文化演变，我们可以分析技术恐惧的规律。

技术恐惧的演变历程包含从技术恐惧起源到计算机恐惧，从计算机恐惧到当代技术恐惧，以及从当代技术恐惧到未来技术恐惧的演变这三个阶段。

技术恐惧的形态演变包含从泛化的初级技术恐惧到实在发生的次级技术恐惧，再到未知不确定的终极技术恐惧的演变。

探索分析技术恐惧的文化演变，可发现现代技术恐惧受到西方"罪文化"和东方"耻文化"的交替影响，以及传统匠人文化与近现代工人文化的融合影响。

最后，通过研究多主体、多客体、多文化样态下的技术恐惧共生、共存与整合发展规律，发现了多种形态的技术恐惧：从单个技术恐惧到复合型技术恐惧、从技术后进期的技术恐惧到技术领先时期的技术恐惧、从死亡技术恐惧到生命技术恐惧，从主体性延展的技术恐惧到主体性丧失的技术恐惧，以及从技术现象的实在性恐惧走向技术体系的存在性恐惧。

3. 技术恐惧的客体性、主体性和文化性解析

技术恐惧的客体是技术，包含具体的技术物，或者一套技术规范标准的方法。技术恐惧本质上不仅仅是对技术客体的恐惧，更是对技术与社会复杂性的内在关联及其衍生负效应的恐惧，是人类对技术的不确定性以及对技术后果的集体无意识才形成了技术恐惧。所以针对不同技术的特点，技术恐惧也呈现出相应的变化。通过分析机器技术的具象化特征和互联网技术的抽象化特征，以核技术和生物医学技术分别作为死亡技术和生命技术的代表，认识理解技术恐惧的客体性特点，能够为技术恐惧的价值解析奠定客体性基础。

技术恐惧的主体是人，因此可以根据人与技术关系中的不同主体角色功能分化，分析技术研发者、使用者以及技术受众等不同主体的技术恐惧表现。以疫苗技术恐惧为例进行实证研究，可以发现技术恐惧在技术恐惧主体的性别、职业、学历、婚姻、居住地、是否接种疫苗以及决策方面都有显著

差异性。基于人类自然本性中的缺陷暴露和社会属性的技术背离的主体性解析，可以预见，在"人类世"时代伴随科技进步和发展，人类主体性恐惧会有不断增加的趋势。

技术恐惧作为一种社会文化现象，是当代技术社会的一种存在样态。技术不仅以物质手段满足和丰富人类的物质需求和精神生活，而且以一种文化存在影响人们的心理和行为，可以说，技术恐惧是由技术文化催生和孵化的，并时刻伴随人类技术文化生活。

中国传统的敬畏心和谦卑心是古代朴素技术恐惧的思想基础，近现代以来，在自卑与自负交互作用下，技术恐惧不断蔓延和泛化，而当代基于文化自信的技术恐惧得以形成。未来，多元文化整合下的技术恐惧将持续创新发展，在启迪技术发展进步的同时，也启迪人类走向人与技术组合的新生共同体。

4. 技术恐惧的价值整合与重塑

技术恐惧的存在有其合理性与独特性，其价值既包含技术恐惧的负面影响，也包含技术恐惧的正面价值。分析技术恐惧的客体性价值可以发现，承认技术恐惧负面影响的存在，认识到人类借助技术控制了一个风险，也可能引发新的风险，带来新的恐惧。这不仅会冲击人类的安全感与生活质量，也可能造成阻碍技术的发展进步等负效应。但同时，这可能强化技术恐惧的正面价值，借助技术恐惧预见技术风险，呼唤技术责任、完善技术缺陷、修正技术方向，最终推动技术的可持续发展。通过分析技术恐惧的主体性价值，我们一方面承认技术恐惧会给人类主体的安全感和幸福美好生活带来威胁；另一方面，高度重视技术恐惧的正面价值，则可以借助技术恐惧激活主体性，使主体远离伤害并敦促其行动，提升"生于忧患"的应对能力和韧性，进而提升人类命运共同体的生存与发展目标。

在技术恐惧的客体性和主体性价值分析基础上，进一步探索技术恐惧的价值整合过程，借助芬伯格的"社会主义制度化和技术设计民主化"[15]，实现技术前进到自然，消解技术恐惧负面效应的同时，强化其积极价值。在技术服务于人的目的性价值过程中发挥技术恐惧的积极功能，引领人类从外在被动恐惧反应，走向内在主动的敬畏和谦卑，在科学技术发展新时代，促进从技术恐惧到技术敬畏的价值升华与重塑。

最后，借助代达罗斯技术迷宫的哲学启示，进一步提出构建理性、科学和自信的中国特色的技术恐惧治理体系的具体建议和方法。

（二）技术恐惧研究主要方法

本书对技术恐惧的研究主要采用了以下三种方法。

1. 文献分析法

文献分析法是主要通过对文献资料的搜集、归纳和整理，形成对历史事件和社会现象的间接认识。与内容分析法相比，文献分析法不局限于特定的分析框架，更偏重于研究者对文献深层内容的理解和提炼。尽管学术界对文献分析法的信效度多有争议，然而在涉及社会历史演进的研究方面，借由文献分析进行的经典范例却不在少数。本书的每一个章节都会运用到文献分析法，通过对"恐惧"和"技术恐惧"两个概念的文献分析，以及对技术恐惧主体性、客体性、文化情境性的文献分析，找寻和比较前人对技术恐惧研究的基础；再通过对历史文献资料的整理和比较分析发现技术恐惧的演变规律，深入探索技术恐惧价值重塑与整合的可行方案。

2. 内容比较分析法

内容分析是指根据已有的理论或框架，用特定的标签对文本、图片、视频等数据进行标记，从而建立新的理论或框架的过程。[33] 内容分析法分为量化内容分析和质性内容分析两种，其中量化内容分析偏重于词频、共现关系、空间位置特征以及其他可量化的客观属性；而质性内容分析则偏重对内容的理解，也因此与文献分析有一定的相似性。本书欲将质性内容分析与量化内容分析相结合，进行主客体技术恐惧演变的辩证分析与比较，通过研究不同主体、不同客体、不同文化时期的技术恐惧状况，分析预测其变化规律和趋势。

3. 问卷调查法

问卷调查法在第六章会得到较多的使用，相关调查评估将选用专业量表和自编问卷相结合的方法检验数据的信度和效度，并用 SPSS 分析统计工具从不同主客体、不同维度进行比较分析，研究技术恐惧的主体差异性及相关影响。

（三）创新技术恐惧研究

1. 内容观点创新

研究技术恐惧首先需要概念创新，澄清技术恐惧是特定情境下人的内在危机与技术客体负效应交互作用的反应，而不是单向的人对技术负效应的反应，并说明这一主客体性交互思路将贯穿全书的论证过程。

本书通过系统分析技术恐惧的溯源和演变，创新地发现了技术恐惧演变的五个规律；通过技术恐惧的中国文化心理分析，比较东西方技术恐惧文化心理差异；通过分析技术恐惧主体性和客体性的价值，实现人与技术两者关系的双向调节。

技术恐惧负面效应和正面价值需要辩证分析：通过分析技术恐惧的负面效应，如阻碍技术的发展、降低人类生活质量和幸福感等，探寻消解技术恐惧负面效应的路径；通过分析技术恐惧的正面价值，如能唤醒对技术风险知觉、预见技术的未知性和不可控性，从而呼唤责任，敦促行动；通过探索如何借助技术恐惧的积极启示，完善和促进技术发展与技术应用，并更好地调适技术与人的关系，更好地实现技术服务于人的目的性价值，最终实现人的自由和解放。也就是说，技术恐惧的正面价值和负面效应是一个整体，共生共存，共同影响着人与技术的辩证关系。

2. 方法应用创新

比较分析法主要包括技术恐惧的东西方文化演变比较分

析、不同技术形态下的技术恐惧比较分析、技术先进与技术后进文化情景下的比较分析等。

问卷调查法主要是对技术的发明者、使用者和受众等不同技术主体分别进行问卷调查，用量化分析考察技术恐惧的演变。

3. 技术路线创新

通过认识技术与恐惧这两个基本概念，对技术恐惧进行溯源分析，深刻解析技术恐惧发展演变的规律性，进而从主体性和客体性两个视角分析技术恐惧的演变，并整合到文化情境视角下进行纵向与横向的比较分析。再从主体性和客体性视角深入分析技术恐惧负面效应和正面价值，提出从技术恐惧走向技术敬畏的路径，回归技术恐惧如何更好地服务于人和技术两个目标的均衡发展。

综上所述，从恐惧到技术恐惧，是现代社会每个人都无法回避的。我们生活在技术的时代，人与技术的关系中既有积极的建设性部分，又面临着技术风险破坏性和未知不确定性等带来的恐惧不安等消极部分。所以我们需要直面技术恐惧，回答技术恐惧的三个核心问题：**技术恐惧是什么？技术恐惧如何发展演变？技术恐惧有什么价值？** 这需要理清研究思路、创新研究方法，真正直面人与技术的负相关关系，从中获得来自技术恐惧的启示，从而破解技术恐惧的谜题，构建和谐的"人技"关系，更好地实现技术服务于人的目的性价值。

第二章

概念：技术恐惧是什么

人类过于依赖技术，而丧失了对技术危险的知觉。

——［英］西蒙·格兰蒂宁

技术恐惧是什么？想要研究技术恐惧这一问题，必须从技术恐惧概念包含的"技术"和"恐惧"两个基本概念出发，通过对基本概念的认识和理解，进而形成对"技术恐惧"概念内涵和外延的理解，从而通过技术恐惧的类型和特点全面深入地认识技术恐惧概念。

一、技术是什么

认识技术恐惧，首先需要认识和理解"技术"是什么。"技术（technology）"起源于希腊文"techne"，是指技艺、技巧，意指某些工艺性造型或应用技术[5]，包含对于某种技能或技艺制作的精通，伴随着工业革命的发展，17世纪以来也指代各种机器体系[34]。技术（technology）的词尾"ology"就是知识，所以技术不仅指物、机器或计算机，也指人的加工（doing）和制造（making）活动过程中的系统知识[11]。作为实现人类目的的一种手段，技术可以被定义为一个装置、一种方法或一套流程。

技术哲学中关于技术定义的争议从未停止，从技术的概念、技术的本质、技术的特征等多视角的解读层出不穷。[5]西方现代技术哲学家芒福德[12]、富兰克林、海德格尔[35]、埃吕尔[13]等在自己的论著中都对"技术是什么"进行了一定程度的阐述（见表2.1），但是对于"技术是什么"，仍难以形成一个公认的、统一的科学定义。

表 2.1　国外技术哲学家的技术概念比较

哲学家	技术是什么
芒福德 （Lewis Mumford）	技术起源于人类心理
富兰克林 （Ursula Franklin）	技术是包括组织、程序、象征和一种精神状态的系统
狄德罗 （Denis Dinello）	技术是用一套方法、规则实现特定目标的系统
贝克曼 （Johann Beckman）	技术是科学知识，指导物质生产活动
拉普 （Friedrich Rapp）	技术是一种历史现象，一种工艺方法
米切姆 （Carl Mitcham）	技术是工程的用法和社会科学的用法的结合
福尔斯 （Michael Fores）	技术是由用法所反映的技术类型的真实存在的多元性
费伯曼 （James Feibleman）	技术是感觉运动的技能
邦格 （Mario Bunge）	技术是某种科学的应用
埃吕尔 （Jacques Ellul）	技术是理智的效率行为和达到目的的手段
斯考利摩夫斯基 （Henryk Skolimowski）	技术是追求技艺上的有效性
斯宾格勒 （Oswald Spengler）	技术是生存的各种战术
雅斯贝尔斯 （Karl Jaspers）	技术是影响抑或控制环境的手段

续表

哲学家	技术是什么
卡彭特 （Sam Carpenter）	技术是对人类需要的满足
贾维（Ian Jarvie）	技术是实现社会设定的各种目的的手段
加尔布雷恩 （Brendan Galbraith）	技术是将科学知识或其他系统的知识应用于实践任务
罗森博格 （Robert Rosenberg）	技术是技艺的知识
奥特加 （Ortega Gasset）	技术是任何超自然的自我，是一种设想
德绍尔 （Friedrich Dessauer）	技术是发明和超越形式的物质实现
海德格尔 （Martin Heidegger）	技术是一种引起、造成自然的显现
文森蒂 （Walter Vincenti）	技术是把所有人工物的设计和制造组织起来的实践性活动
皮特（Joseph Pitt）	技术是人类的工作方式，是技术决策的途径，是一个技术认识论的模型

在技术错综复杂的概念探索中，人们都在试图描述"技术是什么"。综合起来，技术是人与自然的一种中介方式或手段[10]。因此，在人与自然的关系中，人们或许可以更好地认识和理解技术：一方面，技术是人类发明创造的；另一方面，技术是自然的延伸和重要组成部分。在人与自然的永恒性关系中，技术原本是一种中介，借助技术中介，人更好地作用于自然，而自然也更好地反作用于人类。但是技术的中介性存在并不是一种孤立或独立的存在，技术事实上在不断

发展演化。一方面，技术一直以来以自然物或人造物的客观形态存在，比如各种机器和工具的发明和制造，成为一种客观世界的实在物，这些实在物因此成为广义自然的一部分。另一方面，技术也发展为人的一部分，人离不开技术，尤其是人类的认知、情感、行为都已经与技术息息相关、密不可分。技术延伸了人类的视、听、味、嗅等感官，也加快了人类大脑的存储和运算能力。技术依附于人并且成为人的一部分，而人也越来越离不开技术，所以技术与人融为一体，技术成了人的一部分。在这个意义上，技术可以分解成为两部分，一部分与人结合，另一部分与自然结合，所以只有当人们回归人与自然的基础性关系中，他们才可以更好地认识和理解技术。在人与自然的动态性交互过程中，芒福德认为，在人的进化发展中，人类焦虑和内在危机是技术的起源。马尔库塞（Herbert Marcuse）提出：在单向度的人的异化过程中也孕育着技术。与此同时，海德格尔认为技术就是一种引起和造成自然的显现[35]，德绍尔认为技术是发明和超越形式的物质实现，雅思贝尔斯认为技术是影响或控制环境的手段，贝克曼认为技术是指导物质生产活动的科学知识[34]。种种论证都说明，技术就是从自然和客观物质世界中分化出来的新的客观存在。因此，技术是从人和自然中分离出来的一种中介性的存在，兼有人的主体性特征和自然的客体性特征的综合形态。从这个意义上讲，技术是人与自然的中介，是从人的主体性意识和自然的客体性特征中分离出来的客观存在。

国内学者的技术哲学研究从技术定义[36]、分类[37]、技术要素分析[38]等不同视角，在技术哲学相关论著中对"技术是什么"[39] 进行了解读和研究（见表 2.2）。综合而言，学者们认为技术是动态过程和静态终端的融合[40]，是经验形态、实体形态和知识形态三者的结合[41]，也是时间和空间两个维度构成的系统[38]。

表 2.2　国内技术哲学研究中的主要著作及观点

作者	著作	观点
刘文海	《论技术的本质特征》	对技术本质的认识分为哲学本体论、社会学、人类学、历史学、心理学和工程技术六类。
李保明	《一种大技术观》	技术定义包括生产劳动手段体系说、科学知识应用说、生产劳动技能说和知识论四种观点。
陈凡 张明国	《解析技术》	将技术的要素按其表现形态分为三类：经验形态的经验、技能等主观性的技术要素；实体形态的以生产工具为主要标志的客观性技术要素；知识形态的以技术知识为象征的主客化技术要素。
陈昌曙	《技术哲学引论》	对技术的要素进行归纳，并将其表述为实体要素、智能要素和工艺要素，强调技术的固有特征是它的过程性、动态性。
远德玉	《论技术》《技术过程论的再思考》	技术是在动态过程中的无形技术与有形技术、潜在技术与现实技术的统一，是软件与硬件的统一，经验、知识、能力与物质手段的统一，以及手段与目的的统一。
丁云龙	《论技术的三种形态及其演化》	将动态与静态视角相结合，在技术的历时性演化过程中存在着三种不同形态的技术，即发明技术、生产技术和产业技术。从形态构成上看，在共时性层面，每一种形态的技术都包含着三种构成要素，即实体性技术、规范性技术和过程性技术。

续表

章琰	《作为"过程"的技术》	技术不仅仅是一种宏观意义的抽象化的概念，还是一种世俗化的技术。此外，将技术划分为宏观意义上的抽象化的技术、中观意义上的技术集群以及微观意义上的具体化的技术三个层次。

　　尽管如此，在纷繁复杂的技术描述和分类面前，人们仍然很难给出一个"技术是什么"的明确概念。关于"技术到底是什么"，我们难以达成共识，也还缺乏关于"技术是如何形成的"统一理论，缺少对技术创新的深刻理解，因为技术进化的理论也是模糊不清的。正如东北大学陈昌曙教授的观点所述，弄清技术的本质并给技术一个明确的定义是一件很难的事情[38]，所以在技术恐惧的研究中，人们不需要过度纠结于技术这个概念的复杂性，要学会"知难而绕"，直指技术恐惧这一研究对象。

二、恐惧是什么

　　恐惧的中文含义是害怕和惊慌，其有很多意义相近的词语表达，可以用敬畏（awe）、畏惧（dread）、惊惧（phobia）、忧虑（anxiety）和害怕（fear）来表达。
　　心理学意义上，恐惧是人类最基本的情绪情感之一。恐惧通常与人们认为自己无法克服、控制或了解的事物或环境密切相关，与那些容易让你想起死亡、危及生命的事物或环境，以及人们极度厌恶的事物或环境密切相关。恐惧是一种应对潜在或正在发生的危险而产生的自我保护的应激反应，适当的恐惧可以帮助人们趋利避害。[42] 恐惧的产生往往是由于缺乏准备，无法处理、控制或摆脱一些可怕或危险的情况。恐惧可以再细分为恐慌、惊慌等。[43] 其实，恐惧本身是一种客观存在的现象和情绪，没有对错，人们对于恐惧的反应，才是决定对错和结果的关键。对恐惧这一存在的情绪反应，才会导致人们对恐惧反应下的逃跑进行加工和评价。人们会评价自己是不是应该逃跑，甚至因此而不断焦虑。[44] 随着经验的增长和变化，原来的恐惧会被新的恐惧替代，小恐惧会被大恐惧替代，两害相权取其轻。恐惧作为基本情绪，在人类千万年的生活进化过程中得以保存下来，表明它不应该被简单地定义为一种负性情况，而应该作为一种中性的、客观的存在进行研究。

生物学意义上，恐惧作为人们对危险的认知反应，往往伴随着恐慌、警惕、肾上腺素分泌、颤抖、心跳加快等生理和心理反应。[44] 恐惧的生理基础研究聚焦在"杏仁核"这个"情绪中枢"[45]，当个体遇到危机时，"杏仁核"会发出警报信号，激活下丘脑，通过自主神经系统激活一系列生理反应[44]，如表现出恐惧表情、心跳加速、血压升高和肾上腺素分泌，因此恐惧是具有生理基础的客观存在。

作为一个社会学概念，恐惧更多的是一种社会文化现象，是人与技术交互作用过程的社会性反应和存在，恐惧的产生和存在可能导致人们逃避恐惧或与恐惧作斗争等。在存在主义思想中，"恐惧"作为一个基本概念，它被认为是一种持续罪恶的状态，一种同情与怨恨，一种自由的可能性，一种担惊受怕的可能性等。霍布斯（Thomas Hobbes）从恐惧概念的认识论意义角度，比较了自然状态下的死亡恐惧和政治状态下对主权权力的恐惧，即对可见力量的恐惧和对不可见力量的恐惧进行了比较。恐惧概念构成了霍布斯法哲学学说基石，恐惧的内在结构及属性决定了霍布斯法哲学学说的基本品质。[46] 布德（Heinz Bude）在《恐惧的社会》中认为，恐惧是一种面对不确定性的无助感，而焦虑也是构成时代恐惧的一个重要情感底色。[47] 尼采（Friedrich Nietzsche）认为："恐惧是人类原初的情感，所以从恐惧出发，可以解释一切，原初的罪恶和原初的道德。"[48]

从哲学意义上认识恐惧，克尔凯郭尔（Soren Kierkegaard）认为，所有虚无都是恐惧的根源，因为恐惧就是害怕一无所有。[49] 没有知识是一种虚无，意识到无知是另一种虚无，尽管这种意识到无知其实已经获得了一定知识的积累，但它仍然是虚无的，因为它使人意识到自己一无所知。恐惧作为一种基本的情感存在，有其必然性。克尔凯郭尔认为，人不可能完全摆脱恐惧，信仰是拯救和战胜恐惧的唯一途径。[50]

恐惧是一种人与技术平衡关系被打破的危机状态。根据马斯洛（Abraham Maslow）的需求层次理论[51]，不同层次的需求在一定程度上得到满足，就达成平衡状态。这种平衡状态不是静止的、一成不变的，而是一种动态的平衡，其本身就蕴含着平衡与不平衡的交互过程，在不同的个体身上表现出不同程度的平和与危机交互波动的状态。但是如果外在刺激特别强烈，或者内在需求甚至欲望过度膨胀，导致需求满足的方式被打破而失效的时候，将会导致平衡被严重破坏，进而会表现为一种强烈的危机状态，并带来巨大的恐惧感。其中，安全感被打破是恐惧最基础也最常见的形态。因为安全关系着生存，生存与死亡关联，安全感受到威胁所产生的生存危机，更深层次上就是死亡恐惧。作为公众表达恐惧的基本框架，死亡恐惧潜伏在人类的潜意识中，与人类对生存和安全的基本需求密切相关。在鲍曼（Zygmunt Bauman）看来，对死亡的恐惧是最原始的恐惧，是所有恐惧的原型。贝克尔（Ernest Becker）也认为，对死亡的焦虑构成了人类最深层的恐惧之一。

三、技术恐惧是什么

技术恐惧（Technophobia）由"Techno"与"Phobia"组合构成，技术恐惧是指对技术、对社会及环境造成不良影响的恐惧。[16] 技术恐惧症（Technophobia）也是 2003 年公布的自然辩证法名词。技术恐惧不仅是人对技术的恐惧反应这一单向的过程，也不仅是人与技术的负相关关系这一笼统的描述，其还应该包含人与技术交互作用的过程，这一过程不仅涉及主体性人类和客体性技术，还同技术与人交互作用下形成的特定文化社会情景密切相关。

（一）技术恐惧的概念提出

技术恐惧的科学研究中，杰夫于1981年发表了《计算机恐惧：如何应对它怎么办》，首次提出计算机恐惧概念。[4]杰夫对"计算机恐惧"的表现界定涉及行为、情绪、态度三种成分，具体包括拒绝谈论甚至拒绝想到计算机；对计算机产生焦虑或恐惧等情绪；对计算机有敌对情绪，产生攻击或破坏电脑的想法或行动[4]，这被视为现代技术恐惧研究的诞生。自此，欧美国家的许多人对技术恐惧开展了多角度的探讨和研究[24]，技术恐惧（Techno-fear）、技术压力（Techno-stress）、技术焦虑（Techno-anxiety）和技术怀疑主义（Techno-skepticism）等术语也被用来表达技术恐惧[18]。

布罗德提出，技术压力是由于不能用健康方式应对新的计算机技术而导致的适应性障碍[5]，毛雷尔把计算机焦虑视为非理性恐惧感和行为上避免使用计算机的行为反应[6]，狄耐罗认为技术恐惧意味着厌恶、不喜欢或怀疑技术[10]。美国心理学家罗森和韦尔则认为技术恐惧包含以下一个或多个表现：对目前或将来的计算机活动或相关技术感到焦虑；对计算机持消极的态度；对当前或将来的人与计算机的相互作用形成普遍消极的认知态度。[52]布鲁斯南（Mark Brosnan）认为，技术恐惧是情绪引起的非理性加工并导致了拒绝技术的结果。[53]

技术恐惧可以被定义为特定情境下，人的内在危机与技

术负效应之间的交互作用和反应。尽管以前对于技术恐惧的
概念界定还有很多不清晰的地方，但其总体上都认同技术恐
惧是人对以计算机技术为代表的相关技术所产生的负效应的
反应。在此基础上，以计算机为代表的技术恐惧逐步发展为
正式意义上的现代技术恐惧。赵磊和夏保华认为，技术恐惧
是作为主体的人和作为客体的技术，在一定的社会语境中的
负相关关系。[18] 以此为基础，更加清晰明确的技术恐惧概念
可以被描述为特定情境下，人的内在危机与技术负效应之间
的交互作用的反应。这一概念包含了技术恐惧的技术客体和
人类主体，并且指出是技术负效应和人类主体危机的双向交
互作用导致了技术恐惧的产生。作为人与技术关系的一种特
殊性的存在，技术恐惧包含"恐惧什么""谁在恐惧"和
"恐惧如何发生"这三个基本问题，分别涉及技术恐惧的客
体、主体和情境三个方面。

（二）技术恐惧的客体

"恐惧什么（What）"是对技术恐惧客体性对象的追问。
根据弗洛伊德（Sigmund Freud）的观点，恐惧有一个具体的
对象。[54] 在现代社会，这个对象就是技术，所以技术恐惧的
客体是技术，尤其是以计算机为代表的现代高新技术。[55] 技
术恐惧作为对技术负效应的反应，虽然不是对技术本身的反
应，但是技术不可推卸地成了技术恐惧的客体性载体。

技术恐惧首先是对技术客体风险破坏性的恐惧。因为技
术负效应带来的风险破坏性不仅指公认的破坏性后果，还包

含用户担心跟不上技术发展速度、无法适应新技术，以及担忧技术失控甚至技术对人类的控制等问题。这些问题都是技术负效应的体现，所以都是技术恐惧的现实表现。[56] 赵磊认为，技术恐惧的内容应该是技术客体所体现出来的某些属性，包含技术复杂性、易变性、不确定性、危害性、风险性、统治性等[10]，这些属性引起人们不安、焦虑和恐惧等负性反应。

技术恐惧还包含对技术的未知不确定性等负效应的反应。弗雷迪（Frank Furedi）认为，对新技术在传播过程中从未出现过潜在风险的危言耸听之论，正是将其变为恐惧之源的关键。基因改造技术、纳米技术、人工智能等都可能因技术的未知风险，而被夸张性地放大并贴上"恐惧"的标签，最终引发更多社会公众普遍性的技术恐惧反应。贝克认为，有了未来技术，比如人类发明了纳米技术、基因技术和机器人技术等的时候，一个新的潘多拉魔盒便正在被人类打开。此时，人类的认知边界进一步拓展，但边界外未知不确定的知识技术也进一步增加。潘多拉魔盒的隐喻表达了人们对科学技术可能带来的不可逆伤害的强烈焦虑和恐惧，以及对技术的未知不确定性等负效应的恐惧反应。

（三）技术恐惧的主体

技术恐惧的主体是谁，也就是对"谁在恐惧（Who）"这一基本问题的追问。在人与技术的关系中，毋庸置疑，人是主体性存在，没有人的主体性反应过程，技术恐惧就失去了意义。作为人的主体性反应，技术恐惧表现在生理、认知、情绪和行为等四个方面。第一，技术恐惧是人类主体的情绪感受和反应，与计算机等新技术相关的担心、害怕、焦虑不安、内疚自责等心理活动过程和情绪感受密切相关。第二，技术恐惧是人类主体的生理反应，会因为计算机相关技术的负效应而引起生理上的心跳加速、冒汗等恐惧反应。第三，技术恐惧是人类主体的行为反应，是对计算机等相关技术的拒绝、排斥、回避，或者破坏等行为表现。第四，技术恐惧是人类主体的认知反应，包含对计算机带给个体或群体健康或生存安全方面负效应的认知评价，这是技术恐惧中最本质的内在维度。人类主体的情绪、生理、认知和行为相互影响、相互作用，又可能进一步产生对"恐惧"的恐惧，形成主体性恐惧的叠加和泛化。

国外技术恐惧的研究一般把用户看作技术恐惧的主体，并将其分为三类，分别是技术的早期使用者、对技术犹豫不定者或反对者、技术喜欢者或自信者。[16] 格雷萨尔和劳埃德（Risa Gressard & Brenda Loyd）把电脑用户分为害怕和焦虑者、现实使用技术的实际用户和预期使用技术的潜在用户。[4] 当然并非所有用户都是技术恐惧的主体，加德纳（W. L. Gardiner）发现，性别、年龄、宗教、社会地位、居住地等方面的主体性特征会带来技术恐惧的差异。[17] 技术恐惧虽然表现为恐慌、焦虑、怀疑、压力、害怕、病痛、破坏等不同的形式，但终究是技术主体在心理、生理和行为上的综合反映。

事实上，技术恐惧不仅是技术使用者的反应，更是技术设计开发者或科技人才的恐惧反应。与技术使用者不同，技术设计者和开发者首先要探索的是超出已知技术的部分。面对未知技术的不确定性增多，就意味着人类难以预测和控制的部分在增多，因而就有产生不安全感和不可控制感的危机，从而产生技术恐惧的反应。技术设计开发者会尽力避免技术设计原初的缺陷或问题，但是因为无法百分百地排除所有风险，并且技术设计的时空信息局限也决定了他们无法完全预测或规避未来技术应用中可能产生的新问题，所以对于技术设计和开发者而言，他们对技术后果的未知性风险所持的谨慎态度，就表现为一定程度的技术恐惧。如果技术无法取得新的进步，技术的设计开发者更会有一种深深的焦虑和担忧，而后形成因为技术停滞带来的技术恐惧。

还有一些人既不是技术的使用者，也不是技术的开发者，但是会对相关技术产生强烈的技术恐惧。比如，核技术会使很多人"谈核色变"，其中既有日本广岛和长崎两地在核弹爆炸后的幸存者，也有现代核泄漏事故后的幸存者，他们的反应都是技术恐惧的典型反应。技术幸存者人群因为在技术过程中处于完全被动的地位，被动卷入技术过程并承担技术伤害性的后果，所以其技术恐惧不仅会对自身产生重大影响，还会反馈给技术的设计开发和使用者，使他们产生新的技术恐惧。

（四）技术恐惧如何发生

技术恐惧是人的内在危机与技术负效应交互作用的反应，

所以恐惧的发生与特定的危机情境密切相关。希腊神话中，俄狄浦斯王子弑父娶母的故事，被弗洛伊德用来揭示的俄狄浦斯情结中的阉割焦虑（castration anxiety），这也揭示了一种因丧失而导致的内在危机。结合技术进行分析，有没有一种类似于技术阉割焦虑的危机能引起技术恐惧呢？人类想使用技术，甚至想用不断发展变化的技术进步，去实现人类越来越多的欲望和梦想，就像俄狄浦斯获得战斗的胜利一样。[57] 但事实上，人们又发现很多技术总会有风险，他们不一定能那么好地把控技术，甚至可能会不知不觉地被技术卷入一种迷失自我的危机之中，同俄狄浦斯不知不觉地杀死了自己的父亲并迎娶了自己的母亲的情况相类似。人们想占有技术，但又害怕技术的负效应和风险，因此陷入一种技术阉割焦虑所带来的危机之中。这个意义上，技术恐惧是由技术阉割焦虑等内在危机而引发的。

海德格尔认为，人类产生强烈而持久的恐惧是因为深陷危机之中并且无法摆脱。[58] 雅思贝尔斯认为，危机是一种有限处境，危机中的一切都将遭受质疑，一切也都变化不定。在这样的危机中，人们恐惧的是分裂、对立的存在和现象。危机就是引发恐惧的直接诱因，恐惧也就是对危机的直接反应。芒福德认为，恐惧源自人的内在心理危机，自直立行走以来，人类就获得了大脑的解放，同时也产生了内在的焦虑危机。[12] 从弗洛伊德精神分析的视角看，人类本质更深处有着人类对死亡危机的恐惧。

有关生死的危机是人类无法摆脱的永恒话题。死亡危机是因为生存受到威胁产生的危机感，生存危机依赖于安全感得到满足，但是当安全感被打破的时候，生存危机就会凸显并产生死亡恐惧。[59] 安全是人类的基本需求，当安全的需求不能被满足，也就是安全感无法建构起来的时候，人们就会处于焦虑不安之中。这在本质上就是因为危机和风险威胁着人类的生存，唤醒了人类的"死本能"，诱发了技术恐惧的产生。更重要的是，安全感是一个相对概念，当下的安全感是一种安全需求得到满足后的主观性感受。但是这种得到满足的平衡感并不是恒定不变的，当安全感的平衡被外界刺激打破的时候，就会产生新的危机，威胁个体或人类的生存而带来新的恐惧。当这些危机与技术相关的时候，由此产生的技术危机也就自动唤起了技术恐惧的各种反应和表现。

技术破坏性和伤害性会带给人类生存危机，是因为其打破了安全需求的平衡，并带给人类生理、心理、情绪、行为等一系列的负效应。同时还需要认识到，技术的便捷与福祉也可能引发危机。成瘾作为人类生存的一大威胁，也是将人类置于生存危机恐惧下的主要原因之一。现代技术的福祉带给人们便捷性，即能够以更低成本获得更多受益，这就导致部分人沉溺于这种低成本获益之中而无法停止。这时候形成的成瘾性行为，比如手机成瘾、网络成瘾等[60]，会因为刺激长期单一化，使技术使用者接受的其他信息刺激减少，导致其他发展可能性被拒绝，生命因此丧失了新的发展机会和可能。人因为成瘾而成为技术的附庸，丧失了人的主体性，这种潜在的危机必定会引起巨大的指向技术载体的恐惧。

技术研发、应用和推广的全过程也充满了失败的危机。从时序上，由于外部环境的不确定性、项目本身的复杂性以及研发人员能力的有限性，人们无法排除导致技术研发项目开发失败或暂停的风险危机，从而产生恐惧。同时，在时间序列上，新技术代替旧技术的必然性，会让从事现有技术的相关群体或组织面临由替代性风险引发的恐惧。[61] 此外，技术研发风险还包含决策、投资、生产、实施等系统过程的风险，如市场风险、组织风险等[62]，以及任何环节都可能出现失控的风险。这种失控危机本质上是一种人类失去主体支配性的恐惧，也是对可能导致整个技术研发和推广利用失败的价值危机的恐惧。

技术起源于人的内在危机，人类使用技术化解危机的同时，又不断制造新的技术危机，因而会不断地引发技术恐惧。技术是人类追求自由的一种工具性手段，但随着技术的迅猛发展，人类的主体性逐渐被工具性的技术超越，人类主体性自由的权利也就被现代技术悄悄地剥夺。在人类发展进步的历程中，人们面临着非常多的技术负面影响和技术危机。所以，技术恐惧是人的内在危机的投射性反应，也是针对技术外在危机的刺激形成的反应。在人与技术交互作用过程中，两者紧密结合并形成了复杂多样的危机，最终产生了复杂多样的人与技术的特殊性存在。

综上所述，从技术恐惧包含的"恐惧什么""谁在恐惧"和"如何发生"三个要素进行分析，可以对"技术恐惧是什么"给出一个更加完整的定义：**技术恐惧是特定情境下，人类主体危机和技术客体负效应交互作用产生的反应，是人与技术关系的特殊性存在。**

四、技术恐惧的类型

面对技术恐惧的复杂多样性，人们需要通过技术恐惧类型划分，更好地认识和理解这一独特的技术现象和存在。技术恐惧的分类维度多种多样，从时间维度上分为过时技术的恐惧、当下技术的恐惧、未来技术的恐惧三种；也可以分为技术过程性恐惧和技术结果性恐惧。从哲学维度上，其可以分为实然技术恐惧和应然技术恐惧；此外，技术恐惧还可以分为社会性技术恐惧、特殊群体技术恐惧以及个体性技术恐惧；或是技术占有恐惧和技术丧失恐惧（比如无手机恐惧症）。根据技术恐惧的定义，作为人与技术关系的特殊性存在，本节将从技术的主体性、客体性和文化性进行技术恐惧的类型划分，以便更好地认识和理解技术恐惧。

（一）主体性视角下的技术恐惧分类

技术恐惧的主体性分类，主要是指根据主体的特点进行分类。按照技术恐惧主体的反应方式分类，可以分为生理类技术恐惧、心理类技术恐惧和行为类技术恐惧。按主体的行为反应划分技术恐惧，可以分为战斗型技术恐惧和逃避型技术恐惧。其中战斗型技术恐惧又分为积极战斗和消极战斗，积极战斗是指技术恐惧驱动技术进行完善升级和发展进步，消极战斗则是指攻击和破坏技术与机器。逃避型技术恐惧也包含两种不同的回避形式，一种是积极回避和远离技术负面效应，即拒绝技术并保护自己；另一种是消极回避性技术恐惧，即沉迷和依赖于技术，不敢与技术对抗，最终被技术支配而放弃自己的人类主动性。

根据主体的内在特点，可以分为保护性技术恐惧Ⅰ型和伤害性技术恐惧Ⅱ型。保护性技术恐惧Ⅰ型，主要是指技术恐惧有助于唤醒人类的风险意识，保护人类免于遭受伤害，远离技术负效应。伤害性技术恐惧Ⅱ型，主要是指技术恐惧带来的对安全感的破坏和影响，会破坏人类原本的幸福感、价值感、效能感等，让人类陷入痛苦和恐惧中无法自拔。

技术恐惧主体性还可以划分为理性技术恐惧和非理性技术恐惧。从技术恐惧反应程度划分，对技术负面效应的夸大反应会导致过度敏感、恐惧增强，产生一种非理性技术恐惧。反之，如果漠视、忽略技术负效应，但事实上又无法摆脱内心深处无意识的恐惧，就会导致另一种非理性技术恐惧。除了这两种非理性的技术恐惧反应之外，还有一种对技术负面效应客观、真实、理性的反应，那就是理性技术恐惧。理性技术恐惧是在对技术负效应连续变换和动态调试的过程中，逐渐形成理性反应的存在状态。没有绝对的、静止的理性，只有在动态的连续变化中相对稳定的理性，因为理性技术恐惧事实上是两种非理性技术恐惧的共存形态。

根据技术恐惧主体的内外维度划分，有内隐性恐惧与外源性恐惧。外源性技术恐惧主要是指对外部客体性刺激的技术负面效应的恐惧。内源性技术恐惧主要是指人类固有的、挥之不去的内在心理危机，比如焦虑和恐惧投射到外在的具体技术或技术物上形成的技术恐惧。

（二）客体性视角下的技术恐惧分类

根据技术负面效应的特征，分为技术的风险破坏性带来的 A 型技术恐惧和因为技术的不确定性、未知性带来的 B 型技术恐惧。

A 型技术恐惧是指技术已经全部或部分显现负效应，尤其是已经被人类所觉察、关注和预见的技术风险性和由破坏性引起的技术恐惧，是一种对客观存在的技术负效应的反应，也是基于过去的客观存在演化发展而来的技术恐惧，比如原子弹技术的巨大破坏性。因为曾有两颗威力空前的原子弹在广岛和长崎爆炸，带给了人类 A 型技术恐惧，让人类普遍性产生原子弹技术恐惧，所以拥有原子弹技术的国家现在都不敢贸然使用该技术。

B 型技术恐惧是对技术是否有负面效应和有哪些负面效应的不确定性、未知性带来的恐惧。比如人工智能技术，其负面效应尚未显现出来，只能靠人类想象和预测，但这不是一种客观真实存在的技术负面效应，而是一种有待验证未来指向的技术恐惧。生态技术、核废物处理技术、基因食品技术、生物医疗技术等都涉及安全性风险，因而可能引发人们对技术破坏性负面效应的担忧，形成 B 型技术恐惧。2018 年的贺建奎基因编辑人类婴儿事件，更大程度地唤起了人们对于不可预知的未来人类公平性、人类生命自然进化威胁等方面的不确定性的担忧和恐惧，形成了典型的 B 型技术恐惧，这种恐惧更大意义上发生在关注未知风险的特定人群中。

综上，A 型技术恐惧是基于过去经验的、在人类认知范围内的风险和破坏，具有存在性和可预见性的特点；B 型技术恐惧是未来取向的、超出人类认知边界的技术恐惧，具有非存在性和不可预见性的特点。

根据技术发展进步程度，技术恐惧可以分为高新技术恐惧和老旧技术恐惧。高新技术变革会打破人们既有的生活、学习和工作习惯。推广和应用新技术的过程，也给人们带来巨大的心理压力，迫使人们不得不学习更多相关的技术知识以适应智能环境。尤其是当技术进步速度过快，人们无法适应技术发展变化的速度，导致人类被技术抛弃而无法跟上技术更新换代时，由此产生的负效应会引起人们强烈的技术恐惧。然而，与此同时，人们对过时的或者落后的技术消失也有一种深深的恐惧。老旧技术曾经服务于人，并且成为人的体验或者记忆的重要组成部分。但是因为高新技术淘汰老旧技术，人类不得不面临与老旧技术这个"老朋友"分离并抛弃曾经拥有的体验和记忆的情况。这会让人产生一种强烈的丧失感，甚至还会让人担忧，如果以后需要这些老旧技术来激活某些资源或记忆，是否还能做到。因而，老旧技术消失带来的不安全感，表现为一定形式的技术焦虑和恐惧。

根据技术客体的表现形式，技术恐惧可以分为技术中介恐惧和技术终端恐惧。比如互联网技术是一种中介技术，而技术又是手段，是实现形式。在互联网金融、互联网销售、

"互联网+产业"中，互联网作为技术中介手段和路径，已经让相关领域对它产生了非常强的依赖性。甚至这种中介成了一种控制手段，导致人的主体性在中介面前显得无能为力、无法改变，或者人离开了中介就无法完成正常的功能等现象。由此可以凸显技术的强大支配性和控制性，也能展现出人与技术力量对比中的失衡，所以说，互联网技术可能会使安全感受到冲击和破坏，让人们产生了技术恐惧。互联网技术安全性本身也是"道高一尺、魔高一丈"，是一种进攻与防御的平衡。一旦在动态关系波动中打破平衡，或者因为主体差异性感受到不平衡，必定带来对特定人群或者技术幸存者的恐惧冲击。这种冲击不仅是当下的技术恐惧，而且会衍生成为一种心理创伤，让人"谈技术色变"，或者在比较长的时期内使技术恐惧弥散、传播、发酵，影响当事人甚至更多相关人群。但是，技术终端恐惧更多是直接的技术后果呈现负面效应或者风险性和破坏性。比如原子弹，或者相类似的敷设技术，其会对主体自身，或者对主体周边生存环境、社会关系带来直接的冲击，技术终端的有形承载实体是技术恐惧的具象化对象，人们的恐惧或对抗是具有直接到具体的技术终端实务的恐惧类型。

（三）文化社会视角下的技术恐惧分类

根据不同文化社会情境下的比较性，技术恐惧可以分为技术领先恐惧与技术后进恐惧。

技术领先恐惧是指获得技术领先的主体，担心自己被技术追赶和技术反超的恐惧。技术领先恐惧的内容包含两个部分，一个是面向技术发展进步方向的未知性恐惧，另一个是面临技术追赶、反超的比较效应而产生的不安全性恐惧；前者是绝对化的存在，后者是相对性的存在。

技术后进的恐惧，是指面临发达的科学技术，技术水平相对落后方担心受到先进技术方的掠夺或侵犯而产生的不安全感的恐惧。技术后进方面临与传统的、落后的技术及其所代表的文明相分离的情况，其无法阻挡先进技术的统治，也无法拒绝先进技术带来的福祉，所以对先进技术方产生依赖性。从更深层面上讲，这是一种因自身文明的失落带来迷茫和丧失感，从而产生的对技术先进性指向的恐惧性反应。

所以，在技术领先和技术落后两种技术恐惧的比较中可以发现，现代科学技术推动时代滚滚向前的事实，决定了技术落后方将面临先进技术在失控上的压迫。这种压迫在国家地区层面上可能表现为军事、国防等领域的不对称冲突的风险，在个体层面则表现为不公平竞争现象，它打破了原本平衡的安全感，也就必然带来技术恐惧。

根据社会历史发展的时代性比较，技术恐惧可以划分为现代情境性技术恐惧和古代永恒性技术恐惧。

古代永恒性技术恐惧源于人们对技术的未知，因而把技术神秘化或者贬低、蔑视技术，甚至存在抵制和排斥技术与技术活动的现象，这是一种自人类诞生以来就一直存在的永恒性技术恐惧。

现代情境性技术恐惧通常由技术风险和技术压力以及技术的不确定性引发，表现为技术用户或普通公众对技术感到压力和焦虑、对技术危害缺乏安全感，并产生对技术的恐惧情绪、负性态度和回避性行为反应。现代情境性技术恐惧既有由技术未知不确定属性引发的焦虑，也有因技术风险破坏性导致的合理性认知反映。

综上所述，技术恐惧是特定情境下人的内在危机与技术负效应的交互作用过程。人的内在危机通过技术这一客体得到显现，技术负效应又通过人类的主体性加工得到反应，主客体交互作用且受到特定危机情境的影响，成为特定文化情境的组成部分，进而催生了技术恐惧的发生、发展。

技术恐惧包含"谁在恐惧"的主体性、"恐惧什么"的客体性和"恐惧如何发生"的文化情境性三个基本要素。透过技术恐惧纷繁复杂的表现形式和类型，我们需要进一步追溯技术恐惧的诞生过程。

第三章

溯源：技术恐惧从哪儿来

恐惧是人类原初的情感，所以从恐惧出发，可以解释一切原初的罪恶和原初的道德。

——［德］弗里德里希·威廉·尼采

技术恐惧虽然直到 20 世纪才被明确提出，但其已经长期存在并贯穿于人类历史发展的始终。法国技术哲学家戈非描述了现代技术出现之前的技术恐惧现象，提出了永恒性技术恐惧的概念[10]。顾名思义，这就是人类社会一直以来存在的技术恐惧。通过追溯永恒性技术恐惧这一概念，可以分析历史上不同的技术恐惧形式，包含技术误读、技术轻视、技术危害等；同时，还可以认识人类历史上排斥、敌视和惧怕技术的社会、心理、文化现象。

本章将沿着时光倒流，从西方当代技术恐惧回溯到机器化大生产和工业革命带来的机器恐惧和卢德主义运动，进而追溯到文艺复兴时期与技术和技术恐惧等相关文化思想的启蒙过程。如果再继续向前追溯，人们将看到东方文明中中国先秦时期的技术及其负面效应引发的恐惧相关反应，并由此分析人类思想文明第一个高峰时期出现的技术恐惧。最后，我们回归到远古时期，即人类刚刚因为直立行走和制造工具而从动物进化为人类的时候，从那段时期中可以了解到人类早期的工具史，以及其蕴含的早期朴素的技术负面效应带来的恐惧相关反应。纵观整个历史进程，对技术恐惧进行溯源分析，能帮助人们认识、理解技术恐惧一直伴随人类进化的事实，同时了解技术发展的起源过程。

一、现代技术恐惧正式诞生

在《技术哲学》一书中，戈非提出，代数、货币、机器是现代技术恐惧症优先选中的靶子[10]。计算机技术正好把三个要素融合、嫁接到一起，所以计算机的应用过程就是与技术恐惧共生的过程。技术恐惧概念的第一次明确提出就是基于计算机技术而来的[10]，杰夫在1981年发表的论文《计算机恐惧：如何应对它》中便提及"计算机恐惧"[4]。自此以后，技术恐惧的内涵和外延都在不断地扩大。技术恐惧的对象，从计算机技术到与计算机相关的网络技术、移动终端等，延伸到以此为基础的整个现代技术体系。从这个意义上讲，以计算机技术为对象的现代技术恐惧的诞生是对技术恐惧溯源的原点。

因现代技术体系快速发展，故现代技术恐惧是一种包含复杂要素交互影响下的技术与人的特殊关系存在。计算机技术恐惧是人类对计算机技术的过度依赖性、复杂性、风险未知性等负效应的综合反应。它既是对计算机实体的恐惧，也是对计算机代码和程序等看不见的存在的恐惧；既是对当下的技术负效应的恐惧，也是对未来不可预知性的恐惧。计算机技术作为现代技术体系中基础性的技术人工物，相应产生的计算机恐惧也就是现代技术恐惧出现的正式标志。尽管此后的技术恐惧表现形式纷繁复杂，但计算机恐惧已经是现代技术恐惧的综合性反应。

以计算机技术为代表的现代技术恐惧概念的正式提出[7]，不仅是由现代计算机和互联网技术自身的特点决定的，更是经历过一个漫长的人与技术关系的历史发展演变过程。认识和理解计算机互联网技术恐惧，不能只停留在对计算机和互联网技术负面效应特点的解析上，还应解析在计算机互联网技术出现之前的人与技术的关系，了解在工业革命以来的人与技术关系中，人们对工业革命技术负效应的认识和反应。以计算机技术恐惧为原点，现代意义上的技术恐惧可以追溯到工业革命早期。在此时期，蒸汽机和工业革命带来了工人失业等技术负效应，其中最具代表性的就是卢德运动。

二、近现代技术恐惧初具雏形

卢德运动是 19 世纪英国纺织工业发生的社会活动。因为工业革命用机器代替了人力，许多体力劳动者失去了工作，于是工人们将不满指向了机器并开始破坏机器，尤其是纺织机。结合当时的社会背景——拿破仑战争时期恶劣的经济环境和新纺织厂恶劣的工作条件，"恐惧"找寻到了机器技术这一出口和指向，因而酝酿形成了卢德运动，后来人们将反对任何新科技的人称为"卢德主义者"[14]。

在工业革命期间，手工劳动逐渐遭遇机器生产的排斥，大量工人工资下降，甚至破产或失业。当时的工人对大机器生产的出现并不了解，并盲目地认为是大机器的出现导致他们失去了工作，所以他们憎恶大机器。他们摧毁这些新的机器设备，以宣泄和释放内心的失业恐惧，甚至以此作为筹码换取就业。在1811年卢德运动的鼎盛时期，诺丁汉郡的袜商不顾贸易规则，用机器生产出劣质的袜子，压低了袜子的价格，严重影响了袜工的正常收入。他们中的一些人秘密组织起来，以"卢德将军"的名义摧毁了商人的织袜机。由此，卢德运动在英格兰迅速蔓延，越来越多的工厂和机器被从事手工织布业的工人烧毁[63]。这是人类历史上第一次以"摧毁机器，抵制新技术"为基本诉求的大规模运动，表达了人类在面对机器不对称优势时的焦虑和恐慌。

卢德运动最具有冲击力的表现形式是"大规模砸机器"，人们需要分析工人砸毁机器的基本出发点，即他们担心的不是技术进步的抽象问题，而是如何防止失业与保持生活水平的实际问题[63]。所以他们反对的不是哪一种特定的机器，而是任何对于上述生活环境与社会生产关系的威胁。这种对主体性生存或就业的威胁会让工人产生严重的不安全感，引发恐惧性的认知和情绪反应，进而产生针对机器的攻击性和破坏性行为。工人们反对机器，尤其是反对特定资本家控制下的机器，厌恶对工人生存和安全带来威胁并且被工人觉察和感受到的机器。人们破坏机器的卢德运动行为，本质上是技术相关负效应的恐惧行为反应。

卢德主义式的运动，在工业革命早期，事实上是一种广泛性的技术恐惧存在。人们因为不认识、不了解技术及其相关的原理和知识，形成了认知盲区。当他们借助神话相关的元素附以解释技术现象时，就导致了盲目的恐惧性反应，这表现为对机器和工业革命相关技术的攻击[63]。中国工业化革命的时间很晚，也没有所谓的卢德运动，但是在新技术对原有社会文化生活带来巨大冲击的时候，对技术产生破坏和攻击性行为的技术恐惧也是存在的，如早期对电报的神秘化解释及部分破坏行为。

卢德主义式的运动是工业革命时期技术恐惧的一种表现形式。在工业革命时期，因为大批手工业者失业，机器被当时的工人视为贫困的根源，并将其砸毁破坏，那是一种对新技术和新事物的盲目反抗。如果不去深入分析这种行为背后蕴含的技术恐惧这一人与技术之间的特殊关系，同时认识到技术与人的对立统一性，就无法消解这种徒劳的破坏性行为。认识到技术负效应的技术恐惧，并不必然导致对技术和机器的攻击与破坏，反之，只要把技术负面效应引发的技术恐惧转化为积极的动力，就能找到技术恐惧的出路。技术的发展不会被人为的障碍所阻挡，虽然英国的工业化发展导致了一部分卢德主义者的失业，但是工业革命和技术更新发展所创造的就业和财富则使英国成为当时世界上最强大的国家。所以我们认为，卢德运动是近代技术恐惧的行动起源，也是近代技术恐惧的雏形。

三、近代技术恐惧思想启蒙

工业革命的技术变革一定会引起技术恐惧吗？技术恐惧的思想起源还可以追溯到近代思想解放运动时期的启蒙运动。启蒙运动唤醒了人们对自由的追求和对权利的维护，打破了宗教神学的思想垄断，这种进步思想一方面解放了人自身，另一方面也解放了技术发展的思想束缚，消解了永恒性技术恐惧的束缚，所以才带来了工业技术革命。

通过文化启蒙，人们对技术的本质、作用有了新的认识。传统的技术观念得到了新发展，使人们认清了技术的"真善美"特质，也揭示了永恒性技术恐惧的历史文化根源及其认识局限性，从而一定程度上消解了永恒性技术恐惧，为技术发展打开了方便之门。因此，康德认为，启蒙运动是人类从自我庇护中的解放，新技术改变了人们的"知识"观念和"真理"观念及深藏于内心的思维习惯[30]。经过文化启蒙，人们对技术的态度从蔑视、贬低和排斥转变为极力赞美和推崇[64]，这在消解对技术神秘性的永恒技术恐惧的同时，对近代技术负效应的认知态度和行为也是一种批判性启蒙。

启蒙运动把人从宗教神学的束缚和禁锢中解放出来[10]，打破了对拥有抽象、神秘力量的上帝的恐惧，传播了近代科学与人文精神。但是与此同时，科学与人文精神复兴中的多元化、多样化，又导致了整个社会缺乏统一的思想，在未形成稳定的知识体系之前孕育了更多的恐惧。尽管科学知识和技术带来了进步和发展，推动了生产力，但是科学技术作为新生事物，还不足以让社会上所有人都从宗教信仰转变为科学信仰。科学知识和技术只能完成对人类已知的诸多问题的回答，而已知背后会延伸出新的未知，并会在某种程度上带着人类进入更大的无知之中。当人们发现无限的未知和有限的已知对比越来越鲜明的时候，这种对未知的恐惧感，将从道德与宗教神学的抽象整体中走出来，演变为多元、具体化且以各种知识、机器、技术为代表的恐惧[30]，并影响到更大范围和更多数量的人类不同群体，从而带来技术恐惧思想的泛化。

启蒙运动推动了技术恐惧思想的启蒙和传播，其具体表现在启蒙运动解放思想，并迎来了传播方式的变化，尤其是实现了跨阶层、跨群体的传播和普及[30]。宗教时代，知识和权利掌握在少数人手中，但是基于人人生而平等的理念，启蒙运动试图打破在原有的群体内或阶层内的有限传播，实现阶层之间、群体之间的传播，这为后来的技术恐惧的启蒙和传播奠定了思想基础。人们对风险和恐惧的关注，来源于人们对健康和安全的过度关注。人们之所以关注各种风险，是因为期待能采取一定的有效措施来规避风险。这样，文化传播就与人们的愿望和需要有机地结合在一起，既带来了恐惧文化的盛行，又传播和放大了恐惧情绪[30]。

《启蒙辩证法》认为，启蒙的根本目标就是要使人们摆脱恐惧[48]。可事实上，有具体目标指向的恐惧或许可以摆脱，但是隐秘而没有具体目标的焦虑却无法摆脱。所以，应辩证地看待启蒙运动，发现"启蒙就是彻底而又神秘的焦虑"。启蒙运动在消解永恒性恐惧的同时，还启迪和传播着科学技术未知性和不确定性引发的焦虑，这是对技术恐惧的启蒙[30]。因此，我们认为启蒙运动是近现代技术恐惧的思想启蒙之源。

四、古代技术恐惧文化萌芽

在古代，各大文明都有重人文而轻科技的普遍性倾向，如中国古代重人文、轻技术的思想，是中国技术恐惧的早期萌芽。老子和庄子都认为，技术代表着投机，会导致人心的变化。所以《老子》中与"绝圣弃智""绝仁弃义"相提并论的"绝巧弃利"，就非常明确地提出了技术应该被禁止的早期技术恐惧思想。《尚书》提到"玩物丧志"，器物其实也代表着某种技术载体，不利于人性的修为。《礼记》中的"奇技淫巧"，更流露出对技术的不屑和贬低。《论语》中的那句"虽小道，必有可观者焉，致远恐泥，是以君子不为也"，也指出尽管技术有可取之处，但是具有风险。

《庄子》中也蕴含着技术恐惧的萌芽。一个故事中，汉阴丈人指出，机器或技术属于投机的事情，外在投机的事情必定会引起内心投机的想法，导致人作为主体的内心不够纯粹，心神不够安宁和笃定，安全感缺失，也就一定程度上违背了规律。作为人这一主体，人们不是不知道这些技术，而是"羞于使用"这些技术。这里的"羞于使用"，一定程度上就是技术恐惧的表现，是技术对人主体的挑战和冲击，使人的心神不宁。所以，这些风险性和不确定性，在先秦时候就已经被朴素的思想家所认识，它们一直存在于民间并发生着作用。

技术是指一种工艺或具体的方法，具有重要的技术物的内容倾向[65]。《荀子·劝学篇》中指出，"木受绳则直，金就砺则利"，代表了某种技术方法。《墨子》中记载的云梯，算是趋于近代意义的技术产品。从中可以发现，先秦造物技术主要是手工技艺性的物质文化行为，表达了工巧、工具、手艺、方法、技巧为主要内涵的表层变量范式[65]。

透过技术的表层范式，造物技术的深层内涵是什么呢？技术不仅是一种工具性的技巧或方法，还是一种"道"或"理"。孔子认为，"工欲善其事必先利其器"，他提出解蔽正面的技术风险，旨在"尽美矣，又尽善矣"。庖丁解牛背后的道是"臣之所好者道也，进乎技矣"。"偃师造倡"背后的道是"与天地造化同效"。老子和庄子的技术思想也认为，一切技术均以"善"为目的。老子有"绝巧弃利"的技术控制论思想，认为技术泛滥可能导致社会混乱。器物承载着道德、礼仪和法律，分别是道家、儒家和法家的技术思想基础。墨家的兼爱，是战国社会机构性变化的产物，是从专制走向兼爱的理性觉醒过程。道家思想则强调"道法自然"，崇尚自然，把人类主体视为自然的一部分，认为非自然的人造器物无助于修心修道，反倒可能带来人类"道心"的迷失。因而在这个层面上，对技术及其风险进行了批判，先秦道家思想中的技术恐惧思想由此萌芽。

潘天波认为，先秦诸子百家已经开启了技术恐惧政治批判和技术风险人为解蔽机制，实现了从技术与人文的宗教神话批判向道德物化的转向，显露了辛勤社会技术控制与人文偏向的思想萌芽，并呈现了先秦技术的人文根源与发展动力，最终哺育了技术变革机器造物文化。[65] 这一时期，诸子百家孕育技术变革机器造物文化的同时，也孕育着古代技术恐惧的文化。

五、远古技术恐惧神话起源

在盘古开天辟地的远古传说中，他化掌为斧，眼前的黑暗和混沌正像一个大鸡蛋，被他劈成了两半。其中清而轻的东西变成了气，重而浊的东西渐渐落到地上。这样，宇宙就有了天地。这里盘古所用的斧头，算是人类历史传说中最早的工具，但这一工具没有一个制造过程，而是一种神秘的"化掌为斧"的过程。这一方面说明斧头的制造技术简单，另一方面也说明，人们对斧头这种工具性技术的作用是非常乐观的，不需要考虑其风险。"化掌为斧"开天辟地的影响，事实上隐喻了工具带来的巨大影响及其不可逆转的结果。后来的传说中，有巢氏在树上盖房子，不仅可以为人们挡风遮雨，还可以躲避动物。燧人氏钻木取火，教人们做饭，结束了茹毛饮血的原始生活。伏羲教人们架设渔网，从事捕鱼、狩猎和畜牧，制作和食用熟食，创造八卦，创造音律等。女娲除用黄土塑造了人，用精制的五彩石补天，斩断鳌足撑起东南西北四根柱子，还堆积芦苇灰来控制洪水。

在中国文化中，人类原始技术带来的主要是积极作用，其负面效应并没有引起人们的关注或重视。反倒是开天辟地、取火、建房等积极效应不断地隐喻技术带来的福祉，表现人类对神话故事中人类先祖的敬仰。以中国文明中的"钻木取火"为例，这个成语描绘的是一种自然现象，它相对科学地表达了人类取火这一技术，因而消解了人们对超自然力量的恐惧，也减少了因为不了解"火从哪里来"以及"如何控制火"等未知不确定性而产生的技术恐惧。在中国远古文明时期，人们对该技术的危险还没有过多地注意，也没有认识到可以利用火的风险破坏性。从这个意义上讲，远古时期的技术恐惧是朴素原始的，但是其形式并不完整，表现方式是零星的。

古希腊神话故事中埃庇米修斯的失误导致人类没有获得特殊的天赋，自身成为有缺陷的存在，因而要求助于外力来增强自己。普罗米修斯设法窃火，将火和光明带给了人类。宙斯一方面利用埃庇米修斯的遗忘和失误，让潘多拉盒子在人间肆掠，另一方面严厉地惩罚普罗米修斯，让他持续遭受痛苦的折磨。尽管最后普罗米修斯得到了拯救，高傲而虚荣的宙斯仍然要求他永远戴一只镶有高加索山上石子的铁环。

所以，在普罗米修斯那里，创造就意味着冒犯上天，冒犯上天就必须赎罪。因而，在以火为代表的人类技术进步的背后，一定有人们已知或未知的风险成本和代价，这种风险本身，无论被人类觉察与否，都会引起不可避免的恐惧，这种恐惧与技术密不可分。这就是远古技术恐惧可以得到萌芽的文化土壤。德国哲学家安德斯（Gunther Anders）在《过时的人》中就提出了"普罗米修斯的羞愧"这一概念，即作为人类代表的普罗米修斯，会在自己的创造物或技术面前感到羞愧[66]。人类对以火为代表的新兴技术的使用，超出了普罗米修斯的想象，机器和技术的快速发展和进步甚至让这位"盗火者"从心底觉得，机器和技术是比人类更完美、更可信、更高级的存在，人在机器和技术面前显得渺小、卑微、充满瑕疵。

远古时期"万物有灵"的文化思想，影响着早期人类对技术的认识理解，进而影响到技术的发展。人们形成了古老的图腾崇拜文化，这种文化引发了人们的自然恐惧——对自然神的恐惧。古人认为，各种自然灾害，甚至人为灾害，都是自然神灵的表现，代表着自然的意志，显示着一切自然事物的智慧，人类对此应该报有恐惧和敬畏。芒福德解析了万物有灵思想，并指出万物有灵思想是从根本上害怕技术对万物的灵魂整体性造成破坏或者惊扰，所以不能够也不应该人为地去分割一些事物并进行局部加工。反之，灵魂整体不具备的功能，人类也不应该去创造，因为人类自身的需求驱动尚未被解放和释放。人们只能复制灵魂的功能，而不去考虑其抽象的等价物，于是推迟了机器的发明。所以，古代技术恐惧的第一个特征就是抵制和排斥技术，人们认为技术打扰了神灵或人性，所以不屑于使用技术。

远古时期，万物有灵思想附着于技术人工物，让技术具有了某些人力所不能及的功能，技术因此被赋予某种神秘色彩，进而让人产生了对神秘的超自然力量的恐惧和敬畏。戈非指出："技术令人不安了，它释放出或者有可能释放出一种在人们身上或身外难以估量的力量。一种与某一正统的伦理截然相反的权利意志，在技术中膨胀起来了。至此，技术恐惧症已经延伸到了神话的领域，即整个宇宙的范围。"从这个意义上讲，因为技术蕴含的神秘色彩超越了当时人类的认知，人们无法理解和解释，所以对神秘力量产生了一种向往和希望其能为人类所运用的技术崇拜。人们以为技术与神灵之间存在某种天然联系，不得不像敬畏神灵一样去敬畏崇拜神秘的技术，而这种崇拜背后所隐藏的正是人们压抑在心底的技术恐惧。永恒性技术恐惧曾使人们认为技术中蕴含着某种类似巫术的东西。巫术并不能为一般人所掌握和使用，更加无法被理解和解释，于是在人类认知难以企及而人类又无力改变的地方，恐惧之中增加了敬畏的元素。人们用神、灵、道等超自然和超人的色彩去描述与古代技术相关的现象，让大众产生了对技术既敬畏、向往，又害怕、退缩的矛盾心理行为，从而形成了人与技术共存共荣的局面，这背后深层次的还是对技术的恐惧。

远古神话中技术恐惧是朴素的，包含有对技术的敬畏，也有对技术的排斥。技术无知，延伸出来一种态度，即对技术的轻视和排斥。因为无法对技术相关现象进行解释，人们就用超自然或超人的某种神秘的东西解释，进而会认为技术亵渎了神灵和人性，必将遭受一定的惩罚。宗教文化、巫术和祭天祭祖等文化礼仪，表达了人对于超自然、超人的敬畏，也表达了对死亡的恐惧。带来死亡的除了自然和人类战争冲突等因素之外，还有一些无法解释的现象。其中人们曾认为可能跟技术有关的现象，比如大自然火山爆发、暴雨降临等，会被抽象化为一种神秘的超自然力量。因为人类主体需要一种建构和解释，才能从认知上获得对特定对象的恐惧。反之，如果认知所不能企及的部分无法得到建构或解释，那么人类将会陷入无边无际的恐惧之中。

远古神话中，技术的诞生都体现了人类作为主体对技术客体的认知更多，由此对技术客体也具有了更多的主体性控制，从而打破了认为技术来自神秘的自然或超自然力量的恐惧。比如钻木取火技术，就在一定程度上实现了对以"天火"技术作为人类火种来源的重要突破。从此，人类可以控制钻木取火获得火种的过程，无需依赖于外在不可控的自然"天火"。根据芒福德的心理化技术哲学解释，技术的诞生其实是人内在危机的表达。远古神话故事反应的人类的房屋建筑、渔猎、畜牧、音律等各种技术，其实就是人类对技术起源的探析，是中国文化下技术服务于人的目的性价值的朴素表达，也是从技术"不可控"到技术"可控"的风险性和未知性降低的过程[25]。这一阶段，技术进步并未给人类带来过多伤害，原始的技术恐惧更多是人类的内在心理危机的表达。所以，我们可以认为远古神话是技术恐惧的神话起源。

六、技术恐惧溯源的哲学审思

通过技术恐惧溯源发现，在以计算机技术为代表的现代技术恐惧正式诞生前，工业革命背景下的卢德运动是近代技术恐惧的行为之源。西方启蒙运动是近代技术恐惧的思想之源，而古代东方文化批判性地孕育着古代技术恐惧的文化之源，远古时期人类神话故事中对超自然神秘力量的拟人化崇拜则是朴素的技术恐惧的神话起源。认识和理解技术恐惧，不仅需要以历史视角追溯，更需要哲学视域下的技术恐惧审思。

（一）二元对立：西方技术恐惧思想的哲学基础

西方二元论以 17 世纪法国哲学家笛卡尔（René Descartes）提出的"心物二元论"为标志，其思想基础深深植根于西方历史文化。二元论在古希腊时期就存在，柏拉图是二元论的典型代表。宇宙或事物被分成两个独立部分的观点，如古代神学中的善恶二元论，柏拉图的观念物质二元论，康德的本体现象二元论，以及近代先验与经验、理性与感性、主体与客体的二元对立[31]，始终贯穿在西方哲学思想体系中。

在技术恐惧思想的发展过程中，西方二元论哲学支配着技术恐惧的走向。因为人与技术的二元对立，所以技术带给人福祉的同时，必定会带来对立性，这种对立性的表现之一，就是技术负效应引起的技术恐惧。也就是说，人们必须一分为二地看待技术之罪、技术之恶等负面效应，不能将那一部分与技术的积极价值相混淆。所以，在技术与人二元对立和分离的基础上，在技术发展越来越快、应用越来越广而人类对技术的需求越来越多、依赖性越来越高等背景下，一方面技术使人类对自然的改造和支配的力量增强，人类的生活在时空局限性上获得了突破，同时享有无与伦比的便捷和福祉；但是在另一方面，人类的安全感并未获得根本性的增强，与技术福祉相伴而生的技术的负效应，尤其是含技术未知不确定性和技术风险破坏性的负效应，数量越来越多，程度越来越大，范围越来越广，带给人类的威胁和挑战也越来越难以应对。因此，技术恐惧的哲学本质就是技术与人二元对立性的体现。

在二元对立哲学基础上，很多西方哲学家在其论著中对技术进行了深刻的批判，例如霍克海默和阿道尔诺（Max Horkheimer & Theodor Adorno）的《启蒙的辩证法》[67]、马尔库塞的《单向度的人》[68]、哈贝马斯（Jurgen Habermas）的《走向一个合理的社会》等。但是这种基于二元论理性的批判背后存在一个更大的挑战，即如何实现人与技术的整合统一。正如萨顿（George Sarton）所强调，科学史家的重要任务就在于架起科学技术史与人文史的桥梁[65]。海德格尔在《技术帝国》中坦言，在技术与人文的争论中，人们不能无条件地想着技术，人们必须为技术与人文的紧张状态负责[58]。尽管技术与人具有二元对立性，但是保持技术与人的双向互补优势[65]，寻求技术与人文的整合统一更具有理论和现实意义。一方面它指导人们避免技术恐惧的过度泛化和蔓延，另一方面也为技术创新发展提供了来自技术恐惧的反向推动力。

（二）天人合一：东方技术恐惧思想的哲学基础

"天人合一"思想，是上下五千年中国文化的核心与实质[69]。它指出了自然与人的辩证关系，充分体现了中华民族的优秀文化价值观[70]。天与人代表万物之间矛盾的两个方面，即大与小、动与静、内在与外在、前进与后退、力量与反抗、被动与主动、意识与物质等，代表万事万物的对立统一性。没有人的主体性，一切矛盾的运动都无法得到主观反映；没有天的客观性，所有矛盾的运动都失去了载体。总而言之，作为宇宙万物矛盾运动的代表，天与人的交互作用和整体合一，才是万事万物运行的根本规律，人与技术的对立矛盾引起的技术恐惧也才能在天人合一的整体中得到消解。

道法自然，天人合一，还包含着天地合一、天道合一、人道合一的思想[69]。简单来说，在古人的认知中，天与人本来就是一体的，顺天者昌，逆天者亡。人是自然界的一员，如果他违反了自然规律，他将不可避免地衰落，但如果他遵守自然规律，他就会成功。因此自然界与人的关系，就是天人关系。一个人的身体上体现了天地万物的结构和规律，人与天地同理，因而修身和治国就必须取法于天地，遵循自然规律。古人认识到天人合一，理解天地也离不开自然。人类社会的起源、发展和衰败都与天体的运行和地球的自转密切相关。同时，我们也已经认识到人类社会相对独立的一面。荀子认为"天行有常，不为尧存，不为纣亡"，这说明了自然和人类社会有各自的规律。庄子认为忘我之人入于天，《金刚经》中也有"一切法无我"，因为忘我、无我实现了天人合一，遵循了技术和自然的规律[32]，也就消解了技术恐惧。

《论语》中"君子和而不同，小人同而不和"的言论，指出了中国传统文化中蕴含差异的整体主流文化价值。《礼记》中"万物并育而不相害，道并行而不相悖"也强调并行的和谐之道。根据儒家思想，格物致知、修齐治平、内圣外王等思想都强调天地人合为一体。后来，董仲舒进一步发展的天人合一的整体理论，王阳明提倡的知行合一，道是无和有的统一，也都表明了中国古代哲学体系中的整体论思想[32]，指导着对技术恐惧的消解。

纵观从古至今的中国技术发展史，技术恐惧并没有造成人与技术的强烈对抗与冲突，这与中国传统文化中的"天人合一"关系，尤其是人自身对自然的谦卑与敬畏的文化心理基础密切相关。东方一元论思想，更加突出和强调技术与人的和谐整体性，而不是以西方主客二元分离哲学为主导的人与技术的对立分裂关系，因此更好地避免了技术恶的风险和问题[1]，为技术恐惧负效应的消解和正面价值的重塑，奠定了坚实的哲学基础。

最后，东西方技术恐惧的差异由其不同的哲学基础所决定，同时表现为技术恐惧的主客体指向性差异。中国文化背景下，以人为本，天人合一，也导致在很多技术负面效应带来的恐惧背后，不是指向对立外在的技术，而是指向与技术合一的人，进而指向主体性个体、群体，甚至抽象化为政府、国家等社会性主体[70]。但是与东方文化不同的是，在西方文化下，更多的是主客体二分和人与技术二元对立的哲学基础。技术恐惧会形成一种客体化思维指向，主要指向可以控制和改变的客体技术，而不是指向人本身，因而通过强调技术负效应，能够引起对技术负面效应的约束、改进和完善升级，更多地从技术客体性视角寻求问题解决方法，促进技术的发展进步。

综上所述，对技术恐惧的溯源分析回答了技术恐惧"从哪里来"的基本问题。现代意义上的技术恐惧，是伴随着计算机技术的诞生被正式提出来的新概念，而技术恐惧诞生以后的发展历史虽然不长，但是在其诞生前，技术恐惧则有着漫长的过去。本章从现代技术恐惧正式诞生往回追溯，分别对技术恐惧初具雏形、思想启蒙、文化萌芽、神话起源等四个阶段进行了梳理，最后通过技术恐惧溯源的哲学审思比较和理解东西方技术恐惧哲学基础的异同，为技术恐惧的系统研究奠定了基础。

第四章

演变：技术恐惧"变变变"

对死亡的恐惧是最原始的恐惧，是所有恐惧的原型。

——〔英〕齐格蒙特·鲍曼

　　技术恐惧是作为主体的人和作为客体的技术在一定的社会语境中的负相关关系。技术从诞生那一刻起，就有独立自主的属性，技术恐惧作为对技术、对社会及环境造成不良影响的恐惧[16]，就像病毒一样寄居在技术上，在技术和社会的发展过程中挥之不去。芒福德认为，技术起源于人的内在危机[12]，技术恐惧的应运而生，就是从人类早期的内在心理危机开始，借助钻木取火或"神明盗火"的形式，开始寻找自己的宿主。尽管历经中国古代社会重人文、轻技术以及近代技术被贬斥为奇技淫巧的过程，技术恐惧仍旧得以艰难地生存下来。在 19 世纪，世界范围内爆发了第一次工业革命，伴随着蒸汽机技术的快速发展进步，技术恐惧也获得了快速传播并发展壮大。第二次、第三次和当前人工智能革命的技术跃迁，使得技术恐惧越来越多地通过技术应用渗透到普通技术使用者身边。伴随着新技术的不断发展进步，技术恐惧不断传播或转移到最新的技术之中，如病毒升级一样，寻找新的宿主，试图变得更加强大，在如基因编辑技术、克隆技术、脑-机接口技术等新的"宿主"中得到更大的发展和成长。从这个意义上看，人与技术的平衡关系不断被打破而形成新的危机，技术的支配性不断增强，以至于技术自身摆脱了客体性束缚。在人与技术的关系中，技术的支配性和决定性力量越来越强，因此技术恐惧也愈演愈烈，挥之不去。所以，如果不认识技术恐惧的发展演变规律，人类就无法认识、理解和控制、消解技术恐惧，也难以发挥技术恐惧自身的正面价值，技术服务于人的目的性价值也难以得到充分的彰显。因此，我们需要在技术恐惧的演变发展过程和形态的基础上，系统分析技术恐惧的演变规律。

一、第一变：技术恐惧的历时性过程演变

埃吕尔以工业革命为界把技术分为传统技术和现代技术，波斯曼把技术分为工具使用、技术统治和技术垄断三个阶段，二者都是以时间为序进行技术划分。立足于当代纷繁复杂的技术恐惧现象和存在，既要面向未来，展望未来技术负效应带来的恐惧反应，也要回溯以计算机恐惧为代表的现代技术恐惧诞生的时间节点，进而追溯技术恐惧的发展演变过程。

技术恐惧演变的第一个阶段，是原始恐惧走向现代技术恐惧的过程。从人类诞生开始的原始恐惧，经历数千年发展，最终与以机器为代表的现代技术相结合，恐惧的对象不再是抽象的自然或未知的力量，而是以机器为代表的技术实体物，由此形成了现代意义上的以技术客体为指向的技术恐惧。尽管技术负效应的恐惧反应古已有之，但是早期的技术恐惧更多是对技术事件或现象本身的批判和恐惧，而不是非常明确地指向具体化的技术物。因为技术的应用范围受到经济社会发展阶段性的制约，大规模技术应用不多，所以直到指向大规模应用的以机器和计算机为代表的技术恐惧从抽象走向具体，技术恐惧才真正拥有现代意义的概念。

技术恐惧演变的第二个阶段，主要是指以机器和计算机

恐惧为代表的现代技术恐惧在当代的快速蔓延和发展，形成了多元化、系统化当代技术恐惧的过程。近代工业革命以来，大机器生产打破了小作坊劳作，人们的失业恐惧指向具体的机器等技术代表物，形成了以破坏机器为代表的卢德运动。工业革命的迭代更新和计算机技术的诞生，让人类步入了信息化、数字化和网络化的全新时代。在这一阶段，单一的计算机技术渗透到各个领域，并与多种技术相结合，使技术恐惧对象形成了多元化的特点。以计算机技术为基础，计算机模拟核试验、大数据、"互联网+"、人工智能等高新科技层出不穷，由此形成了现代技术体系，也因此带来了系统化的技术恐惧。随着计算机技术的发展，现代技术走向当代技术，又因为在技术用户中存在大规模复制应用，所以，在带来便捷性、低成本等技术福祉的同时，技术的风险性和破坏性也在不断显现。人类作为自然人的主体性弱点和缺陷，在理性的技术强力面前暴露无遗，这导致人类主体性不断丧失，技术支配性不断增强，这种变化和对比让人类的恐惧不断增长。比如，随着生命医学技术不断得到发展创新，从解剖学到外科手术，从假肢（义肢）到脑-机接口，再到基因编辑技术，人类恐惧的不再是遥远的死亡，反倒是技术对人的异化所导致的"人不再是传统意义上的自然人"，以及因为现代科技结合带来的"人类永生不死"的可能性所引发的当代技术恐惧。

立足当代技术恐惧，展望未来的技术发展趋势及其负效应带来的恐惧反应，是技术恐惧演变的第三阶段。因为未来具有不可知性，也具有不确定性，在人类认知局限性条件下，如何避免技术设计和研发的缺陷，尤其是避免对未来带来的负效应，构成了未来技术恐惧。比如核废物处理技术，如果采用其中的填埋技术，那么，会不会在未来对地下水或土壤造成污染和破坏，从而对人类后代产生更大的破坏性？从代际间的责任分析技术恐惧，如何在不损害后代利益的基础上，尊重和满足当代人类的需求，寻找到利益平衡的最大公约数？人工智能技术会不会导致技术对人的统治，或者"赛博人"对"生物人"的统治？ChatGPT等新技术的应用，是否会导致人类大规模失业甚至被机器取代或支配？基因编辑技术的无节制应用，会不会带给人类永生？如果永生，那么人类的生存还有什么意义呢？一系列关于未来技术的未知性和不确定性，都是技术负效应的复合型体现，也是未来技术不断发展进步的同时，人类焦虑恐惧不断增加的过程，是技术带给人类"越安全、越恐惧"的新挑战。

技术恐惧的历时性演变，是从技术恐惧早期起源出发，经过机器恐惧、计算机恐惧和当代多元技术恐惧，走向未来技术恐惧的历时性演变过程。那么，除了不同历史阶段的技术恐惧演变，在同一历史时期，是否有多种形态的技术恐惧同时存在并相互作用呢？

二、第二变：技术恐惧的共时性形态演变

技术恐惧的演变，不仅是依照时间线索的历时性过程演变，也是同一时期共同存在的不同形态的演变。技术哲学家芬伯格提出的工具化理论，包括初级工具化与次级工具化两部分。在此基础上，从共时性角度区分恐惧程度，可以将技术恐惧可以划分为初级、次级和终极三种不同的形态。技术恐惧不是从古至今先后以不同的形态出现，而是同一时期同时出现三种形态并且产生交互影响，这体现出三种形态的共时性演变特征。

初级的技术恐惧，是指因对技术不了解、不知道或者误解而引发的盲目的恐惧。这种恐惧与技术有关，但是关联度并不属于密切的内在联系，而仅限于技术可能产生风险的外部关联。因为现代社会是一个信息爆炸的社会，现代技术体系是一个复杂的系统，技术系统的复杂性会带来超负荷的信息，这些信息会在个体层面上被屏蔽或者超出注意范围，因而成为个体认知的盲区。因为不知道、不了解或者无法弄懂，最后就可能在信息加工过程中，无意识导致信息失真，或者刻意扭曲信息，甚至形成谣言，带来大规模的恐慌性反应。比如，2009 年河南杞县放射源卡源事件，并未带来对人员的伤害性事故，但是整个县城却因流言发生了集体逃离的大型

群体性事件。事实上，这主要是因为很多老百姓缺少对卡源放射性的原理、功能、风险、防范等知识的了解。外在刺激触发的技术负效应认知盲区，与人的内在心理恐惧结合而不断放大，形成了大规模群体性的技术恐惧和恐慌性行为反应。现代社会中，因为当代技术及技术黑箱背后的知识太多，这种形态的公众技术恐惧已成为主要表现形式。在这个知识爆炸的时代，无论是对科学家还是公众，都有太多不知道的人类知识极限以外的未知知识技术，加上媒体在一定程度上加速了恐惧的传播，形成了"越安全、越恐惧"的困境。初级形态的技术恐惧主体包含或直接或间接与技术相关的人群，他们受到技术负效应的影响，这种负效应并非亲身经历或真实发生，因此是多变的非稳定形态的技术恐惧。

次级的技术恐惧是指已经到来的、真实发生过的、体验过的真实事件中的技术风险性和破坏性等负面效应引发的技术恐惧，比如原子弹爆炸、核辐射泄漏等事故。这是一种直接的内在逻辑性的关联。现代技术的力量越强大，风险就越高，带来伤害性和破坏性的负性后果就可能越严重，引发的次级技术恐惧也就越广泛、越频繁。比如日本福岛核泄漏事故带来的巨大破坏性便是现实可见的。它不仅影响着日本福岛的居民，还让全世界的核技术开发设计者、核能使用者甚至普通的公民，都加剧了"谈核色变"的技术恐惧表现。次级技术恐惧主要是由技术用户或幸存者对技术负效应的真实感知和体验引起的恐惧反应，它处于一种相对稳定的恐惧形态。

终极技术恐惧是指具有独立自主性的技术不受人类的约

束和控制，反过来控制了人类，让人类丧失主体性，在独立自主的技术面前沦为被动的客体的恐惧。这是一种最深层次的、本质性的关联，也是人类永恒性技术恐惧的表现，从人类控制自我和制造工具的技术开始，一直贯穿在人类发展的历程中。尤其是当代高新技术不断发展，大多数技术用户不知道技术背后的原理和机制，也无法控制技术，因此，看似是人类使用技术，实质上是技术在驱使人类。如果让渡甚至丧失人类主体性，可能会引起巨大的安全隐患，带来强烈而稳定的终极形态的技术恐惧。人类早期发明文字的时候，人们就产生过关于文字会导致记忆力下降的恐惧和担忧。当代基因编辑、人工智能、ChatGPT 等新兴技术也会让人们持续产生对人类自身主体性丧失或让渡风险的担忧和恐惧，说明终极技术恐惧主要是科技共同体相关人群对人与技术的主客体关系倒置的担忧和恐惧，是抽象的绝对稳定态的技术恐惧存在。

在技术恐惧从古到今的演变过程中，初级技术恐惧形态已经变得普遍泛化，次级技术恐惧伴随着技术的发展和大范围应用而不断增加，终极技术恐惧作为永恒性技术恐惧则保持了稳定。三种形态具有共时性存在的特点，即三种形态交互存在且共同发生。技术恐惧的共时性演变就是浅层次初级技术恐惧的普遍泛化和非稳定形态、中等程度的次级技术恐惧实际发生与体验的相对稳定形态，以及深层次的终极恐惧绝对稳定形态的交互作用形成的形态演变。

三、第三变：技术恐惧的文化性演变

在历时性过程演变和共时性形态演变分析的基础上，技术恐惧还与特定的文化紧密相连，并作为一种文化性存在呈现出鲜明的文化特点。在东西方文化差异背景下，尤其是在现代工业文明带来的对传统手工业的巨大冲击下，技术恐惧也呈现出不同的文化性演变特征。

（一）罪感文化和耻感文化交替

西方社会以内疚取向为主要特征的社会文化，是根源于西方个人主体内在的对于"罪"的认知和觉察：他们认为，人类具有原罪，人类无知可鄙，人类欲望无穷，这些罪是人从内心生发出来的，无论是否被外界或他人关注。[71] 西方"原罪说"指出，亚当和夏娃因为禁不住外在引诱和内在欲求的冲动，而偷吃了禁果，背叛了上帝的禁令，做出了违背神圣意旨的罪的行为，与生命的本真状态背离。因此，这一文化要求人们不断地向内自省和忏悔，进行自我救赎，即使没有外在的负性批判或评价亦如此。[72] 技术恐惧深受罪感文化的影响，不仅要避免原罪的错误导致的技术恐惧，在技术恐惧的应对方式中也要求进行责任担当和自我救赎，由内而外地实现对技术负效应的减少。

东方社会尤其是中国、日本等国家以羞耻取向为主要特征，主要是因为外在取向上的他人反应或评价会激活这些国家国民道德良知中的"超我"。[73] "耻文化"强调外在约束力，主要表现为他人对主体行为的反应和评价。如果一个人犯错了，但是没有被他人发现，就不用感到羞耻，以及由此带来的恐惧。相反，如果一个人觉得自己的行为受到了别人的鄙视和群体的谴责，他就会感到羞愧，即使他自己没有犯错也会这样觉得。羞耻之心最早的产生，是从人类开始用树叶遮挡自己的身体开始的[73]，也就是开始在意他人的眼光和评价。孟子认为"仰不愧于天，俯不怍于人"，这是耻感文化的典型表现。其实，孟子所述的天和地都是抽象的，真正使人感到羞耻的，是主体之外的他人对自己行为的反应和评价。技术恐惧的耻感义化强调了人际交互性的重要影响，技术恐惧的产生不仅是因为技术本身的负效应，更在于人类对技术负效应的认知和评价。所以，技术恐惧的应对方式也就不仅限于技术负效应本身的约束，还要从社会外在约束力的角度进行探索，尤其是约束人的技术行为。

有学者认为，东方文化在羞耻感影响下，并没有诞生以技术为指向的技术恐惧，但这种表达是不准确的。技术恐惧是特定情境下人的内在危机和技术负效应交互作用的反应，其中的主体性人和客体性技术都是技术恐惧的组成部分，缺一不可。技术恐惧不应该被定义得过于狭窄，人们应该综合认识和分析主客体交互作用下的文化情境的影响。

罪感文化和耻感文化代表了东西方技术恐惧的不同文化

情境要素，帮助人们更好地认识了技术恐惧自古以来的东西方差异性，进而认识理解全球化背景下近现代和当代技术恐惧演变的新特点。

羞耻和内疚是两种不同类型的情感心理反应，内疚是一种注重自律的罪感文化，羞耻是一种注重他律的耻感文化。西方技术恐惧是以内在罪恶感文化为基础的，通过内疚和向内探索，借助内归因和自我救赎的方式，指向了技术物的约束制约或优化完善。而东方技术恐惧更多是以外在羞耻感为基础的，通过羞耻和对外在评价的反应，借助外归因方式，指向了非我的其他主体的责任，形成了对人的主体性责任的规约或要求。在经济社会全球化背景下，现代技术恐惧越来越多地受到东方耻感文化和西方罪感文化的交替影响：一方面要考虑到他人的评价和反应带来的恐惧感，另一方面更要理解源自人类原罪的技术恐惧。在人与技术的交互关系中，需要通过内在自我救赎和外在社会性约束来应对现代技术的负效应，既承认和尊重技术恐惧的文化差异性，又借鉴不同文化中的积极应对方式，从而更好地认识理解技术恐惧的文化性演变特点。

（二）匠人文化和工人文化从分离走向融合

匠人文化有着古老的历史，包含着人类对技艺的极致追求。[74] 匠人精神的关键是，并不问太多"为什么"，只专注于探索"怎么办"。人类追求匠人文化的生活和工作态度，更容易帮助大多数人迅速找到自己的"内在使命"，去执行和完成技术行为。匠人文化历经数千年，具有重要的心理慰藉功能，有助于人们在技术活动中增强自我的掌控性和价值感，从而减少复杂社会体系带给人们的单向度异化和自我否定。所以，匠人文化一定程度上消解着技术高速发展带给人类的焦虑或恐惧。但是与此同时，因为匠人文化在个体层面追求独特性和精致，注重过程中的"如何"，而对于结果中的"什么"关注不足，导致匠人文化背景下的技术产品无法得到大规模复制。因而无法满足更多的人类需求，所以在现代工业化技术时代，匠人文化面临边缘化的危险。

工人文化是随着近代机器大生产和社会化大分工而形成的。现代工业技术的规模化要求，消除了关于"如何"的过程，只关注需要"什么"的结果，这就在很大程度上导致很多"过程性技术"消失了。工人的存在是服务于技术结果的片面的"技术人"，他们不再以过程的精致为价值导向，也没有机会洞悉技术的整体图景，更多是借助对外在工具或机器的操作，达成一个技术结果或实现技术活动的目标。所以在这样的过程中，大多数工人在现代技术体系中，只是被动地完成技术体系的命令和调度，属于现代社会化大分工下局部技术环节的执行者，因此也越来越多地失去了自我价值感。但不可否认的是，工人文化支撑的现代技术分工协作带来了效率提升的积极结果。

在现代技术体系下，匠人文化和工人文化二者交互融合，形成了"工匠精神"的新文化，对技术恐惧产生了深刻的影响。工匠精神文化是指，对一件事的整体性思考，当人们处于对技术精益求精和置身当下的专注状态时，需要在一定程度上追求效率和分工协作，达成两种文化的平衡。[74] 一方面，匠人文化通过对技术过程的向内追问，探究技术发展进步，满足了人的内在价值感需求；另一方面，工人文化通过对"做什么"和"有什么结果"的向外追问，推进了技术的规模化复制和技术产品的极大丰富，更好地满足了人对于外在价值感的需求。工匠精神中的匠人是现代工业体系和社会化大分工形势下的新匠人，他们对技术过程"如何"的深度追问，可以消解工人文化中因为过程性技术缺失带来的价值缺失，并进而向外探索技术应用价值及结果；工匠精神中的工人也是追求精致的"如何"过程中的新工人，他们不仅是被动完成技术体系的执行者，更是具有"知其然"并且深入钻研达到"知其所以然"的技术研发创造者角色。技术恐惧从匠人文化走向工人文化，最后形成"工匠精神"的文化融合过程，揭示了技术恐惧文化性演变中技术使用者和研发者多重角色的整合统一，有助于预防和消解主体性价值匮乏和主体性角色丧失导致的技术恐惧，也有助于约束和消解技术客体的负效应恐惧，同时还可以借助技术恐惧的反向推动力促进技术的发展完善。

四、万变不离其宗：技术恐惧的演变规律

技术恐惧作为人与技术的负相关关系的特殊存在，其不

同形态和过程阶段不是孤立分裂进行的。技术恐惧的形态演变是共时性存在的部分，过程演变是历时性存在的部分。在技术恐惧历时性过程演变之中，每一个技术恐惧的阶段都渗透着初级、次级和终极技术恐惧三种不同形态的共时性存在。在技术恐惧的共时性形态演变之中，每一种形态在从古至今的历时性过程中也都具有其普遍性和一致性。

技术恐惧还与特定的文化紧密相连，并作为一种文化性存在呈现出鲜明的文化特点。在东西方文化差异背景下，尤其是在现代工业文明带来的对传统手工业的巨大冲击下，技术恐惧也呈现出不同的文化性演变特征。本小节将根据马克思主义的历史唯物主义和辩证法，纵观技术恐惧的历史文化发展阶段和过程，结合技术恐惧的已知性与未知性、简单性与复杂性、存在性与实在性、显性与隐性、主体与客体五组辩证关系进行分析，深入探讨技术恐惧的演变规律。

（一）技术落后的已知恐惧朝向技术先进的未知恐惧的演变

由于古代技术落后，所以人们恐惧的是技术太落后以至于无法对抗自然和灾难。现代技术不断进步，人们应对自然和灾难的能力大大增强了，人类的生存能力也大大增强了，但是人们对技术的恐惧依旧存在。技术越先进，恐惧越强烈，这是为什么呢？因为先进技术带来的技术未知风险和破坏性可能会更大，哪怕只是发生一次危机，技术的先进性便足以对人类造成毁灭性的打击。

全球化使由西方的市场体制驱动的技术力量成为全球性危机的传染源或放大器[75]，这种危机的传染或放大，必定以西方的科学技术领先为基础。西方的科技压制着其他地方，所以引发了恐惧或恐慌。在全球化背景下，技术后进的恐惧感尤其显著，技术尤其是军事等破坏性技术越进步，越能让未掌握这些先进技术的其他国家恐惧。

从相对性来看，技术先进的一方总是害怕被超越，技术后进的个体、群体或社会，永远害怕被压制，害怕"落后就要挨打"。后进与先进的对比更加显著，后进与先进之间的相对性，以及技术后进与技术先进之间的差异性越来越呈现两极分化的特点。在摩尔定律和香农定律指导下，在马太效应支配下，技术先进对于人类公平性的冲击会更大，因它必定冲击着人类基于公平的安全感，甚至会增加风险意识，让技术恐惧变得持续和永恒。在互联网时代和地球村背景下，技术后进与先进的相对性更加显著，其带来的恐惧感也更加具体和直接。技术后进方无法摆脱被压制的状态，所以安全性恐惧变得越发强烈。

但是随着人类技术的多元化发展，技术不再是单一评价标准，技术发展的第一名也不是只有一个，很多个人、组织和国家都可以拥有局部技术的领先优势。那么局部领先后是否还有技术恐惧呢？答案是：第一名永远害怕被超越。技术先进的恐惧在于不知道自己能够领先多久，更不知道自己的技术未来将走向何方。技术落后的时候是跟跑，不需要自己思考方向、选择道路，但是等到自己占据先进地位并领跑的时候，其会发现在面对技术的未知领域时，这种不确定性恐惧远远大过以前的任何一种技术恐惧。

比如，中国的中医技术是世界独有的，中国占据了领先地位，但是中医技术究竟该往哪个方向走呢？很多人对此是迷茫的。其实，这种迷茫背后就是技术恐惧从后进时代的相对性恐惧向领先时期的未知性恐惧的演变过程，这种演变是一种必然存在。中国科技快速发展，迎来了"跟跑、并跑和领跑"三跑并存的时代，但是在领跑的领域里，由技术的先进性带来的对未来前进方向的未知性恐惧仍难以消解。

华为的任正非表达了对前沿科技的敬畏和忧思，香农定律和摩尔定律理论指导下的技术发展已经临近极限，新的基础理论还未被人们创造出来，技术因此陷入了迷茫之中，找不到方向。[76] 人类跟随技术发展的时候，科技进步速度非常快，但是发展到了顶点的时候，人类会发现自己变得迷茫，不知道方向。负责任的科学家都怀有这种自我恐惧，并抱有期望和信心，继续突破、创新技术，发展新领域。如果没有这样的技术恐惧和忧思，只会让个人或组织"死于安乐"，无法帮助人类更好地生存。

（二）单项技术的一元恐惧朝复合技术的多元恐惧演变

技术恐惧演变的特点和规律，是在主客体性交互作用分析中发现的，技术恐惧伴随着技术客体性向主体性转变，在人类主体性沦为客体性的技术发展过程中，技术恐惧从单一的人对技术的恐惧，演变为人对技术、人对自然、人对社会和他人的多元多维的技术恐惧。

人类早期的技术是单一的，人们对技术负效应的恐惧也是一元的。但是随着现代技术发展进步，技术已经越来越复杂，多种技术交织融合，甚至出现了跨界交叉而产生的新技术，这就决定了技术恐惧会从单一的对某一技术的恐惧演变为多元的复合型技术恐惧。因为单一技术的负效应相对简单，多元复合技术的负效应更加复杂，所以，相应的技术恐惧也就从单一型转向了复合型。

现代技术的交叉跨界和融合，决定了技术恐惧也会呈现出复杂性。互联网技术不仅是单一的技术，更是能与人工智能、信息技术、生物技术等密切关联在一起的复合型技术体系。互联网技术恐惧，其实不光是对互联网本身的恐惧，还是对互联网承载的相关复合型技术的风险和不确定性的恐惧。

以人工智能为例，该技术其实是互联网、电子、制造等多种技术复合形成的，人工智能的负效应也不仅在于失业问题，更在于人与技术深层次关系中的主客体性的对立冲突，以及其可能引发人的自然属性不死等新问题。这将导致人类社会的自然性和社会性对立，引发对人工智能技术使用者与非技术使用者的公平性担忧等，甚至恐惧人工智能技术统治性的风险，种种问题会带给人类复合型的技术恐惧。比如，最近流行的 ChatGPT 可能具有的与自我意识相似的强大功能，就引起了很多人的恐惧和担忧，认为它"超出了我的认知范围""好到吓人"，或者"我离失业不远了"，这背后实际上蕴含着人与技术深层次关系中的复合型技术恐惧。

一元技术恐惧是指人对技术负效应的单向度的恐惧。但是随着对技术与人关系认知的深入，人们认识到技术恐惧不再是单向度的人对技术负效应的恐惧，其存在交互性，是人的内在危机的外化投射和技术负效应的交互作用的反应，是人对技术、自然和社会等多元客体的恐惧反应。这样的技术恐惧是多方位、立体化的系统性恐惧，是多元复合型的存在性恐惧。技术恐惧成为当今时代恐惧的主要形式，对恐惧的恐惧属于其核心内容，它通过不断放大一个恐惧，引发恐惧的连锁反应和滚雪球效应，技术恐惧的演变也从单项技术的一元恐惧走向复合技术的多元恐惧。

（三）从技术现象的实在性恐惧到技术体系的存在性恐惧

实在性技术恐惧是真实发生的现实破坏性现象，存在性恐惧却不一定真实发生，也不一定真的带来了现实的破坏性，它可能是一种看不见摸不着的技术体系。技术恐惧正在从技术破坏性负效应的现象层面演变为对技术体系的恐惧，尽管这种体系的破坏性风险尚未转化为现实。

在过去的技术破坏性等实在现象中，人们经历或者体验过实实在在的恐惧并得以幸存下来，或者作为旁观者目睹了技术破坏性的相关资料和信息，由此产生的技术恐惧反应是实在性恐惧。但是，还有很多技术风险是从未发生的，人类并未真实经历的，甚至也从未见证过的。但是因为这些风险破坏性存在理论上的可能，哪怕是万分之一，人们依然会对此感到恐惧和不安，因而形成对该技术的恐惧反应。如果这样的技术恐惧得到传播，还会被无限放大，引起社会性的技术恐慌。英国作家玛丽·雪莱创作的长篇科幻小说《科学怪人》、好莱坞电影《黑客帝国》等文学影视作品中描述的未来技术风险尚未真实发生，但却通过人类对未来的预知和估测而引发了存在性技术恐惧。或者说，即使没有当下的恐惧，人类也必须制造和发现未来的恐惧，把人类主体性内在心理危机和恐惧投射到客体性的技术上去。这样，技术恐惧也自然就从对实在现象的关注，转向了对技术体系的存在性的关注。

人们是先有恐惧而后有逃跑，还是先逃跑而后害怕呢？关于技术恐惧的争议亦如此，是先有技术恐惧而后才恐惧，还是因为人类固有的恐惧一直存在，而后才制造和发现了技术恐惧并投射到了具体化的技术客体？面向未来，人们总是会找寻出未知的恐惧——如果最近的三五年或十年没有，人们也一定会预测到百年后人类的最终命运和处境，从而将自己置身于恐惧之中。因为人们都生活在技术时代，所以恐惧背后必定有着技术恐惧的永恒性存在，其通过过去与未来的辩证关系汇总，交互影响到当下的、此时此刻的技术恐惧的系统性存在。

日本的福岛核事故，不仅对福岛，更是对全日本产生了严重的破坏性后果。同时因为核辐射物质散播，邻近国家也受到核辐射的威胁。更严峻的是，核反应堆池泄漏的核污染水已经满载，若排放到太平洋将带来更大的次级生态灾难。比如动物植物等受到核辐射，可能产生基因变异、代际遗传，并随着动物迁徙而传播和转移等。未知的地下核反应还会带来哪些不确定性，也让人类深感不安，充满恐惧。日本福岛核泄漏已经成为许多国家共同关注的问题，日本周边国家更是多次呼吁日本关闭核电站等设施，以避免进一步发生严重事故。所以，单一核泄漏事故发生后的实在性技术恐惧，正在演变为对核技术体系以及相关地区、物种、生态、政治、经济、社会的系统性恐惧，虽然后者更多是一种存在的可能性而已。

此外，因为日本福岛核泄漏事故，欧洲多国再次掀起反对核电技术并要求关闭核电站的浪潮。尽管这些核电站在个体、环境、生态等方面并未产生破坏性实在现象，但是因为核技术体系中存在一系列环环相扣的风险，一个环节出问题就可能导致整个技术系统崩溃，所以技术恐惧中对技术体系负效应的反应已经占据了主要地位，技术恐惧从技术现象的实在性朝技术系统恐惧的存在性演变正在不断发生。

（四）从死亡技术的显性恐惧走向生命技术的隐性恐惧

生死哲学是人类的古老命题。死亡是一种本能，弗洛伊德认为死亡本能是人们对死亡的恐惧形成的对行为的驱动力。死亡作为人类的终点，是人类公平的重要尺度。攻击性是死亡本能的体现，而探索没有生命的月球、制造冲突的战争等，都与技术密不可分，因此，它们本质上也都是死亡技术的典型代表。

与死亡相对，生也是一种本能。生命技术的代表是容器及其延伸含义，它代表了母性的生命延续，代表了包容性技术，代表了人的成长与发展。在当今生物技术发展新趋势下，生命技术帮助人类战胜了很多疾病，它让残缺的肢体得以恢复功能。甚至让生命得以延续，技术解决了生命和生存中遇到的无数问题和困难，提升了生活的便捷性，甚至有人提出，在 21 世纪，人类的第三大议题就是为人类取得神一般的创造力及毁灭力，将"智人"进化为"智神"[77]。

然而，死亡技术与生命技术之间并非界限分明，二者相互依存，往往可以相互转换，它们彼此之间可能只有一层薄薄的窗户纸，一捅就破。理论上向往的生命技术，很可能因为操作过程的风险性和不确定性，瞬间带来损失或破坏，令人恐惧。尽管死亡技术比如核技术，是让人恐惧不已的，但是对核能的和平利用在今天已经渗透到生活的各个方面，从消毒杀菌到电能转换等，核技术在人们的生活中不可或缺并一直服务于人类，可是人们"谈核色变"的恐惧感似乎并没有因此而减少。

在技术视角下，人类死亡是技术问题而与价值无涉，而作为技术问题，就一定会有技术性的问题解决方案。如流感、肺结核和癌症，这些都被视为技术问题，人们相信未来某一天，一定可以找到相关的技术解决方案。现在，即使有人死于台风、车祸或战争，人们仍然可以认为这是一个可以预防和应该预防的技术问题。所以，死亡可以是一种技术代码问题，当死亡代码被破译，人类可以通过技术解决死亡问题，这些帮助人类避免死亡的技术，也就以生命技术的形态呈现出来。

　　所以，技术恐惧的演变，是生命技术恐惧与死亡技术恐惧的交互作用，是技术向往、狂热、依赖的 A 型技术恐惧酝酿，与技术排斥、拒绝、破坏、隔离等 B 型技术恐惧的交互融合，就像人类无法摆脱恐惧这一基本情绪一样，人类对于技术恐惧，一样是无法回避也无法摆脱的。但也许正是因为生死问题，人们的生命显得更加有意义和价值。死亡技术恐惧让生命更加值得珍惜，有助于人类的目的性生存价值的实现；生命技术恐惧也让人们保持警惕，避免过度依赖、沉迷技术，从而受到技术双刃剑的伤害，导致成瘾行为，或使人类客体化、发起伦理挑战、人类公平性被打破等。

　　当今时代，人类的生存能力不断增强，对抗着来自大自然和人类生理的死亡威胁，在技术的辅助下，人类几乎没有天敌，人口在不断增长的同时，人类的寿命还在不断提升，这都是人类的生命技术发达的表现。但是生命技术也可能产生负效应，比如其带来公平性挑战和伦理冲突的可能性增大，使用不同技术的主体具有的生存能力不一样，打破了生理和自然层面的公平性。某种意义上说，以前对生存受到威胁的死亡恐惧是占据技术恐惧主导的，现在我们发现人类受到的死亡威胁已经大大降低，反倒是生命技术提出了伦理、公平等新问题，生成了新的生命技术恐惧。

　　现代社会大部分的技术恐惧可能来自对于生命技术的恐惧，包括网络依赖性，技术福利沉迷而丧失主体性等，而不像过去主要来自战争冲突或者大自然破坏性威胁人类生存等带来的恐惧。因而当今人类面临的自然死亡威胁减少了很多，反倒是生存技术中的不确定性和风险性，让人类恐惧的主要内容向着对生命技术恐惧一侧偏移。比如基因编辑、脑-机接口、克隆技术等，尽管可以改善人类生物基础并获得更好的生存机会，但是相伴而来的是技术的公平性，技术的伦理，技术失败的风险（哪怕这一风险从 50% 降低到了 1%，甚至0.01%，人们仍旧认为该技术是具有风险的，并且对此产生强烈的技术恐惧）等问题。所以说，技术恐惧正在从死亡技术显性恐惧走向生命技术隐性恐惧。

（五）从人类主体性责任缺失的恐惧演变为人类主体性权利丧失的恐惧

技术的不断演进，带来的不仅仅是需求的满足，因为需求的满足是短暂的，满足与不满足总是一个相对的过程，在满足后必定会产生新的需求，激发新的动力，产生新的技术相关的行为，争取获得新层次上的更高、更大、更多、更充分的满足，让人们的满足感得到新的刺激，才能够增加人们的满意度和幸福感。

但是，在这个需求满足的过程中，人们往往无法控制需求层次在量和质方面的分寸与差别，以至于人们在追求需求满足的过程中，因为动机被激发，往往会产生比需求更大、更多、更高的欲望，并用无休止的欲望替代了有边界的需求，以致最后人们无法得到充分的满足，比如安全感是无法充分得到满足的，尤其是在非物质需求领域。尽管如此，在一定程度的需求满足或价值实现之后，人们仍然能够产生满意度和幸福感。

马斯洛认为，高层次需求是在低层次需求获得一定程度的满足后出现的，需要注意的是，不是完全充分满足甚至过度满足后才会出现高层次需求[51]。这里有两种可能性，一种是只能得到一定程度的满足，所以人们必须把当前层次需求的目标定得大一些、多一些、高一些，那个更大、更多、更高的部分，其实就是欲望的部分，而不一定是人们真实的需求。另一个可能性中，人们低层次的需求得到一定程度的满足后，就一定会有高层次的需求出现，因而在高层次需求的数量和质量、方法和形式上，就一定会有更多、更新、更不一样的需求出现。这些需求其实已经是一种升级后的，或者也可能是扭曲的需求，此时它已经不被称作需求，而应被称作欲望了。"仓廪实而知礼节，衣食足而知荣辱"，在古代是指人们的生理需求得到满足或者一定程度满足的状态。然而，看看物质产品已经非常丰富的今天，人们不是受饥饿驱动，而是受恐惧驱动。生理需求上的"衣食足"，相对于两千年前已经是一定程度甚至完全充分的满足了，但是人们却会产生更加充分、更加多样、更加创新的"衣食足"的欲望，甚至会把所谓高层次的需求附加在低层次需求之上，进行需求与欲望的混合。于是，人们制出了更好的餐具、更好的自动食品加工机器，研发了更好的调味和烹调技术，提出了对色、香、味、意、形、养的综合要求，甚至还出现了把人的身体作为特殊餐具的"人体盛"，这里的人已经不是主体，而是被客体化后成为餐具的一部分。为什么人类由主体变成了工具性的客体呢？这是因为在欲望的驱动下，对衣食富足的追求已经演化或者扭曲为对客体化事物的无限膨胀的需求，甚至要释放和追求把平等的主体性的人进行客体化加工等违背伦理的欲望，最终导致人类方向和目标的迷茫，引发对冲突破坏等对抗不平等、不公平的系列事件，成为技术风险性和不确定性的代表和反映。所以，在这里，技术成了人性和人的欲望的祭品和替罪羊。

人类的内在危机，也决定了人类必定会制造更多的欲望驱动，刺激过度膨胀的需求，实现过度满足，或者无休止的追求，而不是仅仅为了所谓真实的需要。需求，一定会被扭曲为欲望，比如一部分先掌握技术的人，他们控制、支配人和资源的欲望会不断膨胀并得到不断释放，尽管客观上可能于世界有益，但是主观上，或者从人的主体性而言，人们事实上已经失去了主体性，成为欲望的奴隶，并被欲望支配和驱动。毫无疑问，其中含有极大的风险和不确定性，技术在这样的环境和情境下，必定首当其冲成为人性欲望的牺牲品和替罪羊，成为技术恐惧的对象。

人类总试图接近更多的智慧，并期待制造出比自身更加强大的智能机器人而服务于人。但是设想一下，如果智能机器人不服从于人类会怎样呢？人类将会是什么处境？人类正常需求不断获得满足的过程是人类主体性增强的表现，尽管主体性增强也可能导致技术使用不当而造成无意识伤害或破坏，从而形成人类主体性强化技术恐惧；但是当人类需求不断膨胀，主体性逐渐丧失而被欲望所支配的时候，人类会迷失，不知道自己的真实需求和恰当合理的满足方式，也不知道哪些技术是必要的。这时候技术也就不受人类控制，并按照其自身的逻辑进化发展，技术替代人做出的决定就越来越多，人也因而越来越多地被技术支配。人类的主体性逐渐丧失，让渡出的主体性被技术接管，反过来形成了技术对人的控制关系。当人类失去主导性、决策权和控制感的时候，人类的安全感会严重缺失，产生高度的恐惧感，在这一倒置反转的人与技术的主客体关系模式下，技术恐惧也就越来越多并且日益严重而难以消解。技术恐惧就这样从人类主体性增强的恐惧演变为人类主体性丧失的恐惧。

综上所述，现代技术恐惧自诞生以来，就依附于技术并伴随着技术的发展进步而不断演变。技术恐惧的历时性演变，是从技术恐惧早期起源出发，经过机器和计算机恐惧以及当代多元技术恐惧，走向未来技术恐惧的历时性演变过程，是一个在抽象和具体、已知和未知、生存和死亡中不断交替的演变历程；技术恐惧的共时性演变也是从浅层次的初级技术恐惧的普遍泛化开始，发展到中等程度的次级技术恐惧并不断增长，最终形成深层次的终极恐惧的稳定态的演变历程。技术恐惧文化性演变，是从匠人文化走向工人文化，最后形成"工匠精神"的文化融合过程，现代技术恐惧也越来越多地受到东方耻感文化和西方罪感文化的交替影响。技术恐惧的演变是历时性过程、共时性形态和文化性交融的综合过程，且其具有一定的规律性。技术恐惧的演变规律是从技术落后的相对性恐惧走向技术先进的未知性恐惧；是从单一的人对技术的恐惧演变为人对技术、人对自然、人对社会和他人的多元、多维的技术恐惧；是从技术破坏性负效应的现象实在性恐惧，演变为技术体系的存在性恐惧；是从死亡技术负效应的显性恐惧走向生命技术负效应的隐性恐惧；是从人类主体性增强的恐惧演变为人类主体性丧失的恐惧。

对技术恐惧演变的深入分析，有助于我们接下来从主体性、客体性和文化性角度更加系统地认识和理解技术恐惧。赵磊提出了技术恐惧的结构模型[18]，认为技术恐惧的主体、客体和社会语境三大系统在相互影响、相互作用下形成了技术恐惧的有机框架体系[10]。技术恐惧作为人与技术的负性关系存在，主体和客体毋庸置疑。但是主客体关系不是孤立的真空中的关系，而是一定社会文化情境下的主客体关系，所以接下来需要更加深入地从客体性和主体性视角探索技术恐惧，并结合社会文化情境因素进行综合分析。

第五章

"恐惧什么":
技术恐惧的客体性解析

对死亡的焦虑构成了人类最深层的恐惧之一。

——［美］厄内斯特·贝克尔

　　技术恐惧作为人类对技术异化等负效应的反应，其客体是技术本身。技术恐惧伴随技术的发展而不断发展，它是对技术与自我、社会、自然的反思和批判。[79] 科技进步的速度已经越来越快，渗透到了人类社会的方方面面，在承诺人类福祉的同时，技术也不断揭示其对人类及人类未来的致命威胁，技术的负效应也越来越多地被人类所认识和了解。所以，本章从技术这一客体出发，以四类代表性的技术为例，进行技术恐惧客体性解析，发现不同技术的不同负效应，认识和理解技术恐惧的客体性特征：具体物的机器技术恐惧指向具象化的客体实在性，非实物的互联网技术恐惧指向抽象泛化的客体存在性；核技术恐惧指向技术的风险破坏性，生物医学技术恐惧指向技术的未知不确定性。技术恐惧客体的实在性与存在性、风险破坏性与未知不确定性的交互作用，为技术恐惧的客体性价值解析奠定了基础。

一、机器技术恐惧指向具象化的客体实在性

　　以计算机为代表的技术恐惧，是一种具象化的机器技术恐惧，是以计算机实体物为指向的技术恐惧。类似的具象化的技术机器还有很多，也都会不同程度地表现出技术物的负效应，进而引发技术恐惧并指向具体的技术物。从最早的卢德运动，到后来机器革命带来的各种各样的技术机器及实物

引发的技术拒绝、回避和排斥等，都与技术恐惧客体的具象化特征密不可分。

（一）机器技术恐惧的客体具象化

缝纫机的使用和推广过程，给新技术的自由解放承诺带来了一些批判性反思，也让人们更好地认识和理解技术的负效应存在。1851年机械化的缝纫机，宣称是可以将妇女从手工缝制的杂务和苦差中解放出来的居家用具，承诺可以把女裁缝和家庭妇女从辛苦的劳动中解脱出来。当时的人们乐观地认为一段时间后，缝纫机会极为有效地消除所有阶层里的衣不蔽体者。于是，当时所有的慈善机构都开始采用这种机器，并且认为它在为贫困者提供衣着方面所做的工作，比文明世界所有愿意投身慈善事业的女士加起来可能做到的工作还要多上百倍。遗憾的是，现实与此相差万里。在新技术和机器的帮助下，服装是用规范性技术制作出来的。缝纫机不是解放的同义词，而是剥削的同义词。服装生产的工业化过程中，技术被分解，其带来的是低收入的工作，并且因为缺乏技术的人工整合，导致所有人都可以被轻易替代。而雇佣关系的不稳定，在劳动力市场上自然就会成为压低成本的要求，所以本质上，技术进步带来了对缝制工人的更多剥削。从缝纫工作中解放并获得自由的家庭妇女们，必须在家庭之外付出更多的劳动，才能买到同等的衣物。许多类似的新技术最初都允诺会带来希望，却最终被证实是虚构的、不真实的，其在很大程度上是被夸大的。尤其是在那个时代，没有对家庭妇女们再就业的培训，他们直面的往往是失业和收入减少的恐惧，而不是虚幻的自由解放和再就业的欣喜。

针对具体机器或技术物的技术恐惧，是技术负效应指向具象化技术的过程。卢德运动中，当人们感受到纺织机技术威胁人们的就业及收入水平的时候，恐惧不安的人类对纺织机这一具体技术负效应的载体形成了技术恐惧。这里的机器或技术物并不是直接带给人类伤害或破坏，而更多的是人类在对该技术的适应性反应过程中产生问题，导致技术早先的允诺没有实现，或者超出了允诺范围而带来副作用。早期计算机技术的复杂性让人难以适应，功能复杂强大但让人感到难以掌握，所以人类的恐惧反应投射到计算机这一客体性的技术物，形成了以计算机恐惧为标志的现代技术恐惧，计算机也成了人们攻击、破坏、拒绝的对象。恐惧的心理行为都有明确、具体的技术物客体，随着越来越多的技术物的出现，把这些技术关联想象力后，可能导致恐惧被放大或泛化，投射到广泛的外在技术物这一客体上，形成更多数量和更大范围的技术恐惧。[80]

（二）机器技术恐惧的客体实在性

富兰克林（Ursula Franklin）认为，与技术解放人类的传统理想观念不同，技术从来没有像承诺的那样解放劳动力，技术很可能会把人们带到一个不确定的未来。[80] 在技术领域，技术的主要层面都与规范性实践相关，由此也就与权力、与控制工具的发展相关。技术不仅仅是机器层面上齿轮和输

送器的总和，也是与人们生活息息相关的系统，改变了人与
人之间的社会关系。技术也不仅是一种中介性的工具，它作
为一个系统发挥功能，全面展示了技术在人们生活中的作用。
但是如此复杂的技术恐惧的原因以及纷繁复杂的表现，需要
用一种简单的具体化的方式表达看不见、摸不着的抽象的恐
惧，所以以机器为代表的具体化的外在技术人工物就成为抽
象内在技术恐惧的最佳载体，这体现了技术恐惧的实在性。

　　以机器为代表的技术物恐惧，最显著的特征就是具象化
载体体现出的实在性。技术人工物本体论是克罗斯（Peter
Kroes）提出的，对于哲学视域下技术设计的研究产生了重要
影响。克罗斯认为，技术人工物受到自然因素的影响，并与
人类社会物质生产活动紧密关联。[34] 在技术设计过程中，技
术是一种类似于"黑箱"的存在，设计者往往无法洞悉黑箱
内的物理机制，也就是说，设计者在对技术功能属性进行描
述时，并不清楚这种描述是否涉及物理结构。而关于技术结
构属性的描述，是一种类似于"白箱"的描述，可以描述清
楚其中的物理结构及其内部事物的物理性质。

　　机器技术恐惧实在性通过技术人工物的结构性、功能性
和规范性等三种基本属性进行表达。技术是人类改造自然的
中介手段，"技术人工物"是在技术和劳动过程中生成的，
它具有物理结构性、社会功能性和技术使用规范性三重属性。
其中，使用规范性是技术人工物的新属性，指物的使用者所
必须发生的行动。技术人工物可以被界定为由人类设计制造
的集技术功能与使用规划于一体的物理客体。以飞机为例，
它具有机身、机翼、发动机、机舱等物理结构，因而具有了

起降、飞行、运输等功能属性，但是如何实现这些功能呢？这需要有经过专业训练的飞行员对它进行专业化的操控。所以，使用规范就是为了实现技术物的功能属性，使用者必须按照技术物所内含的使用规则进行相应的行动。三种属性都是通过机器这一实物载体表达的，因为三种属性无法充分实现导致的技术恐惧，也只有通过机器技术实物进行表达。

维贝克（Peter-Paul Verbeek）从物性技术哲学的视域分析认为，技术设计不仅是人工物的需求，而且是对人工物的反思，或者是对人工物之外的研究。[34] 维贝克系统地阐述了技术哲学领域技术人工物研究的历史、现实和未来，指出柏拉图以静态思想取代动态事物后，哲学开始趋向于思想的此类研究，这使得对客体本身的研究相对不足。[34] 人们往往从工艺设计的角度研究人工物，很少从人工物的角度研究工艺设计，所以没有完全理解人工物的物理性质和意义。在哲学层面上，从人工物本身分析技术设计是哲学的使命之一。维贝克提出了技术人工物的道德调节理论，强调了机器技术恐惧的实在性基础，为机器技术恐惧的价值解析奠定了实在性的哲学基础。[34] 机器及人工物是技术的载体，技术恐惧的对象毫无疑问地指向了这一具体化的技术载体，但其本质上是对技术人工物背后的物理结构、使用功能和使用规范三种属性的恐惧。传统的技术恐惧聚焦在技术物层面，缺乏对技术物这一载体背后的三种属性的深入分析和理解，所以也仅仅是表现为对技术物本身的攻击和破坏，无法认清技术恐惧的本质，也无法解决技术的负效应问题。现代技术恐惧需要从技术人工物的三种属性中区分不同技术恐惧的差异，才能够更好地认识到技术负效应，进而更好地发掘技术恐惧的正面价值。

二、互联网技术恐惧指向抽象的客体存在性

互联网技术的属性在于其本质上是一个虚拟的非实体的技术，也没有具体不变的物质形态。互联网技术是看不见的数字代码的组合，借助计算机、电缆等有形物实现其功能，但是这些有形物本身不等于互联网技术。所以网络技术恐惧的客体出现了新的特征，就是恐惧无法指向具体的数字或者代码，无法指向具体技术物的存在。恐惧指向抽象的虚拟互联网技术的过程，是把虚拟模糊的客体进行抽象化加工并概念化，从而呈现技术的负效应，最终形成以互联网技术存在性为指向的技术恐惧的过程。

（一）从计算机技术恐惧到互联网技术恐惧

20 世纪 80 年代的计算机技术恐惧第一阶段，是指计算机作为一种新技术，其使用过程中的难度带来的焦虑。[9] 因为早期的计算机并不是那么人性化，使用起来并不方便，而且计算机占据的地方也非常庞大，需要有专门的培训场所，甚至对环境有诸如防尘、防静电的要求。正因为这些计算机

技术附加的过多要求，带来了对计算机技术不确定性的恐惧，所以在这一早期阶段，人们对计算机技术的接纳程度比较低，计算机技术的推广速度也比较慢。第二阶段是对计算机不确定性的进一步认识，人们发现计算机很容易导致上瘾和依赖，以及不使用计算机时候产生的焦虑不适感，所以当人们把技术应用负效应归咎于技术本身的时候，计算机技术恐惧就进一步被关注和聚焦。此外，在计算机开发者眼里，更多的技术恐惧来自由计算机技术的不完善而产生的担忧和焦虑。根据二进制原理，实现代码虚拟性，计算机应用的非人性化，让技术研发者在技术前沿不断探索，以完善计算机技术为目标，带着恐惧并将技术恐惧转化为技术创新发展的新动力，致力于技术的研发和创新。

当一台台单独的计算机互相连接在一起，进而以此为基础发展出覆盖全世界的全球性网络结构关联，就产生了互联网。互联网产生后，计算机的功能得到了极大增强，但同时产生的计算机安全风险背后也有对互联网安全的担忧。计算机技术的安全性担忧不再是针对计算机本身的安全性，而是针对相互连接在互联网上的计算机的技术恐惧。黑客对计算机的攻击，让计算机开发者和使用者以及社会公众都充满了恐惧。从黑客代码攻击的基本原理可知，开发者在系统编程和研发的过程中总会有漏洞有待检验，所以被黑客攻击是计算机技术不确定中的确定性，因此也就需要不断地开发技术补丁，以及升级和完善技术系统。对于社会公众而言，计算机技术更像是一个神秘的黑箱，其中的未知性以及可能因此带来的被攻击的风险，甚至可能因此带来的文件资料信息和财物的丢失损坏等，都是使用者和社会公众可能面临的代价。当这种代价越大，恐惧的程度就越深，技术恐惧也就愈发严重了。

互联网技术中充斥着一种数字病毒，实质上就是通过对计算机的安全性的破坏，实现对人们已经拥有的数据的破坏并带来损失。个体对此毫无办法，只能依靠购买杀毒软件的服务或升级等外在方式避免。因为无法认知或洞悉互联网技术的规律及其内在黑箱，个体被动地求诸形式上对互联网技术的约束和限制，导致对互联网技术风险破坏性的控制感在使用者与其制造者之间存在巨大的鸿沟。互联网技术是一个人人参与、人人使用并且可以人人更改的普及性技术。所以按照无限扩大的数字虚拟世界的规律，互联网技术越发普遍的应用，其可能存在的风险漏洞就会不断地放大或增加，而防范只能局限在表层。

人在孤独或无聊的时候，可以做点什么呢？如今算法推送的网络社交、短视频等占据了这个闲暇空隙，人仿佛失去了自我，被外在信息填充或喂养，导致主体人处理情绪的能力的退化[81]。大数据科学家奥尼尔（Cathy O'neil）认为，算法是内嵌在代码中的观点，它并不是客观的，算法会被成功的商业模式引导和优化，人就被算法背后的技术代码支配着，失去了主体性。[82] 通常，在一个像"脸书"（Facebook）这样影响数十亿人的公司里，能明白某个程序算法工作逻辑的只有几个人，相对于全球70多亿的人类来说，这可以理解为人类失去了对算法系统的控制。人的孤独被用来赚钱，那么人的需求在技术世界中还占据主体性地位吗？技术如果开始容忍"人有人的用处"，那么人们作为主体本该更加充实和精彩的人生，到底是自主的还是被支配的呢？人类究竟是过程还是目的？"脸书"的创始伙伴休斯（Chris Hughes）批评说，"脸书"对增长的关注导致他们牺牲了安全和道德底线来换取点击率。谷歌技术用户早上醒来，邮箱就告诉他应该完成哪些工作。一个看不见、摸不着的第三方似乎在背后操纵了人们的工作和生活。谷歌公司前道德设计师特里斯坦（Tristan Harris）认为，从事技术设计开发的工程师有道德责任去审视和讨论上瘾问题，避免或减少"贩卖用户"的发生。所以，主体性人类被现代技术作为客体属性进行贩卖的时候，技术就消弭了人的主体性，由此产生的技术恐惧让人不寒而栗。

从计算机到互联网，就是从客体实在性到客体存在性的演变过程。互联网并不等同于计算机等机器技术的实在性，互联网本质上是一种抽象且看不见、摸不着的存在物。计算机的实在性必须借助互联网的抽象存在性发挥其互联互通的功能和价值，互联网的存在性也必须以计算机的实在性作为具体化载体进行基础的实际操作行为才能够完成。但是互联网技术的独立性存在，恰恰又摆脱了对计算机的单一实在物的依赖，发展成为更多终端、计算设施设备可操作的，万物互联互通的复杂的网络存在，它拓展了技术的功能和价值，同时也不可避免地面临复杂系统中存在的风险性或不确定性。因此，技术恐惧也就必定以抽象存在的方式引起恐惧泛化和恐惧传播。

（二）网络 5G 新技术的竞争性技术恐惧

近年，以美国为首的一些西方国家通过其在既定国际科技秩序的主导权，抹黑中国在新兴技术领域的自主创新发展，[83] 如利用技术恐惧打击中国华为的 5G 技术发展和应用。为什么具有先进技术优势的美国对中国新兴科技的崛起如此恐惧？这本质上就是因为中国的技术崛起和快速发展，让以美国为首的部分发达国家失去了相对的技术优势，甚至其某些方面的技术从过去的领先状态变成了现在的相对落后状态，他们无法接受和适应这种技术变化趋势，因此以中国技术威胁论来表达他们自己一系列非理性的技术恐惧反应。

在中美科技争夺战这个大背景下，技术是美国作为世界资本经济强国的立国之本，而中国近些年有意识地加快产业转型，将经济从低端的劳动密集型产业向高端技术密集型产业调整且步伐越来越快，这已经让美国人感受到了明显的威胁。而作为中国高科技产业代表的华为，其最具代表性的 5G 技术遭到美方打压，后来太阳能逆变器技术也遭受制裁。在美国的技术工具驱动下，美中两国的技术争夺战不断升级，已经从 5G 网络设备延伸到了整个物联网领域。而太阳能逆变器是广义物联网的重要部分。可以说，美国存在新技术的竞争性技术恐惧，其与政治的结合演变成了新版的"中国威胁论"，这在本质上是中美两国在高新技术领域的冲突导致的。面对美国打压，中国并未放弃对新技术的研发，事实上是技术相对落后国家消除了对美国技术统治恐惧症的集中表现。

　　欧洲的 5G 网络技术发展滞后现状，也使欧洲对这一领域产生新的技术恐惧反应。欧洲数字互联网市场发展潜力巨大，欧洲数字议程在"欧洲 2020 战略"中单独列出，欧盟委员会主席容克表示，因为没有开发"数字单一市场"的潜力，欧洲正遭受巨大损失，这可能造成两个方面的后果：一方面会打击美国科技企业，另一方面也可能扼杀欧洲本土科技企业的创新动力。目前，欧洲 5G 网络技术的研发和布局落后于中国和美国，他们的 5G 网络技术恐惧，不仅仅是担忧自身技术落后导致无法满足需求，更是恐惧中美在 5G 领域的技术先进性可能带给欧洲的利益损失等。

　　所以，网络 5G 新技术的竞争性技术恐惧，是根源于技术的先进和落后之间的差距而产生的不同程度的反应。技术先进一方在竞争关系中会引起技术后进一方的恐惧，因为后进一方对很多先进技术的不了解，也因为差距越来越大。但是当技术后进一方获得了快速的技术发展进步，导致双方技术差距缩小，这种相对性状态的改变，会引起技术先进一方的技术恐惧反应。如果技术后进一方真的实现了技术水平的局部超越，在技术领域与原来的技术先进一方并跑甚至在部分领域领跑，那原本的技术领先一方将很难接受这种状态的改变，也会产生焦虑和恐惧感，形成技术先进和技术后进之间的动态性技术恐惧。

（三）移动互联网的成瘾性技术恐惧

玛德琳·乔治和坎迪斯·奥杰斯的研究指出，近90%的美国青少年现在拥有或可以使用手机，而且他们经常使用手机。青少年平均每天从他们的设备发送和接收超过60条短信，超过90%的青少年现在至少偶尔从移动设备访问互联网。以无手机恐惧为代表的移动互联网技术成瘾性恐惧，其实质是手机支配性的增强攫取了人类的主体性。手机成瘾带来的无手机恐惧，本质就是技术恐惧。手机成瘾会带来焦虑，广泛性焦虑会导致更多的风险意识，进而引发心理危机或者心理应激反应，形成技术恐惧的心理链条。

近年来，部分手机游戏被贴上了"精神鸦片"与"电子毒品"的称号，也就是警醒人们需要增强对技术负效应的认知，形成必要的手机网络游戏成瘾性技术恐惧。在技术恐惧的刺激下，调适人与手机网络游戏之间的关系，避免人类沉溺网络之中而不自知，也避免人类在与手机等移动网络技术相处的过程中丧失主体性，成为被手机移动网络或游戏所支配的被动的客体。人的自然属性在技术面前面临巨大的挑战，有人会因沉迷游戏而不吃饭、不睡觉，或在现实世界无法与人正常交流，无法控制现实世界中自己的情绪等，这都是技术负效应的表现。这些技术负效应如果激活了技术恐惧反应，人们就可以更好地避免或限制负效应。但是如果人们对技术负效应视而不见、听而不闻，仍旧单向度地沉浸在所谓"奶头乐"的及时享乐或自我麻醉中，失去了恐惧反应的能力，或者因为过度沉迷导致的过度恐惧，以致自身丧失了逃避或战斗的行动能力，无法做出正确恰当的技术恐惧心理行为反应的时候，人类自身就陷入了巨大的危机之中。面临如此巨大的威胁（尽管可能是潜在的）而无动于衷，或者因为这些威胁的潜在性和未知特性而不做任何前瞻性预防或未雨绸缪，人类最终将面临死亡威胁。现象存在的技术恐惧缺失，可能产生终极的死亡恐惧，最终让人类无处可逃，陷入终极恐惧而被恐惧吞噬，或在恐惧中无法解脱并惶惶不可终日。

无手机恐惧还包含对于互联网电话的恐惧，以至于人们很多时候拒绝使用互联网电话，仍然返回到烦琐的传统电话模式中去，一定程度上抵制或拒绝了原本应该充分发挥作用的技术便捷性和福利。在该现象背后，其实就是对新技术的不适应，在其不确定性和未知风险得到认知上的充分信任以前，人们宁可拒绝，也不尝试。

现代科技手段的增强，一定程度上减少了人与人的直接联系，增加了借助手机和网络中介的联系。有人说，世界上最远的距离，是你和我面对面，手中却拿着手机，沉浸于两个不同的信息虚拟世界中。这就可能导致人们对手机的依赖性加剧，睡眠障碍增多，焦虑和抑郁程度明显上升。在技术支配的时代里，这些反应与技术必然有一定关联，也由此引发不同程度的手机或互联网依赖性技术恐惧。

手机依赖性行为可能使移动互联网技术使用者突然有一种被绑架的感觉，因为不断浏览信息就是不断被信息和信息技术支配的过程，无论自己是发言评论还是默默浏览，手机背后的大数据都记录了我们的操作行为，并通过算法进行内容推送。社会热点事件被曝光后，会有各类人群据此发表各种见解观点，可能制造各种无聊的信息垃圾，而公众根本无法抵御信息爆炸的冲击力，手机满屏的提示和置顶新闻都是相关事件。信息过载带给人们劳累和消耗感，等到猛然惊醒的时候，才发现自己被手机和网络控制和支配而失去了自由，甚至产生一种习得性无助，无力摆脱，这种后果让移动互联网技术的使用者不寒而栗。当恐惧无法指向具体的对象时，无形的网络和具体的手机就成了技术恐惧的最佳替罪羊。

互联网上的信息过载，也会带来莫名的恐惧感。很多跨越时空的信息，与普通老百姓并无多少关系，但是各类无效信息借助互联网技术平台的便捷性和低成本而传播，徒劳无益地增加公众认知负荷，一部分人通过信息网络技术剥夺了人们的信息选择自由，造成了对更多普通公众的信息污染，由此产生的技术恐惧无法实现技术服务于人们对幸福美好生活向往的目的性价值。

因此，移动互联网技术在具有便捷性、低成本等优势的同时，由于原本技术中介变得具有支配性和操作性，使得人类不知不觉地沉迷、麻木、依赖并成瘾，进而产生无手机恐惧，信息过载恐惧等负面影响。这些技术恐惧本质上是因为技术作为独立性的存在，其便捷性和低成本性把原本人类实现目标的过程缩短，其实是减少了精力投入，但压抑或者割裂了情感体验过程，丧失了丰富的系统情绪管理和应对的机会，模糊了原有的人与人、人与事之间的边界，导致了人类主体性弱化或者迷失，任由技术支配人类，因为技术表面福祉而导致人类对技术不受控制的使用和沉迷，带来越来越多的成瘾性技术恐惧。成瘾性技术恐惧是一种技术福祉导致的过度满足，带给技术使用者或相关人群对技术不可控风险性的恐惧，是技术破坏人类主体性的恐惧。

（四）互联网数字武器的攻击性技术恐惧

人类对现实世界的直觉，并不能很好地转化到网络数字世界。互联网数字武器的危险程度可能超过我们的想象，因为它们防不胜防。大多数先进的数字武器都会包含复杂的连锁反应过程：第一步，使攻击性的数字软件到达目标；第二步，使其隐身；第三步，帮助其来回移动；第四步，进行破坏和攻击；第五步，数字攻击完成的反馈和汇报。如果这个过程有一步出了问题，整个数字武器都将失效。[84] 这是数字武器的不稳定性特征。传统的武器，即军事上的动能武器，也会失效，但是比较慢，即便敌人开发了应对措施，一般也不会一下子失去效力。但是就互联网数字武器而言，最好一发现就马上应用它，等的时间越长，失效的概率就越大。现实世界的传统动能武器，往往可以通过军事展览、军事演习产生威慑力，而不用真正发生攻击或战争，比如各国的阅兵仪式以及军事演习活动等。但是数字武器不同，如果数字武器的运作原理被展示或者泄露，该武器就面临巨大的失效风险。

基于以上数字武器的特点，人们传统的风险应对措施可能会失效，技术民主化治理中的现有理论或实践经验不一定适用于这种网络数字武器的治理，因为它不可能像其他武器或技术一样实现一定程度的开放、透明和民主。相反，因为该技术的独特特点，所以其风险性反而更高，可能带来的破坏性也更大^[85]。人们对数字武器的恐惧程度，在这个意义上而言，比对传统武器的恐惧程度更高，因为其有不透明、低成本、跨时空、易于集群复制攻击等新特征。只有建立强大的技术防御手段，确保所有相关的计算机和网络都极具强大复原力，应对网络数字武器的威胁，才会有助于消解人们的数字武器技术恐惧。尽管这意味着耗资巨大、成本高昂，但是这样应对数字武器威胁时可以表现得更加安全，而这本质上也促进了防御技术的巨大进步和发展。

以俄罗斯和美国之间的网络数字对抗为例，在旧式的动能武器时代，拥有信任的措施、协议、热线和观察员，都可以帮助减少危险的错误知觉，避免伤害或破坏的实际发生与升级。^[62] 但是对于数字武器这一经由网络和计算机发起，并针对网络和计算机的技术，人们似乎还没有相似的举措，因而对此的担忧和恐惧也会更加强烈。

互联网技术的安全防御更难，因为安全防御在攻击到来之前很难预测到攻击风险，也无法采取反攻制约手段。昨天应对成功的安全措施，也许在明天已经变得不堪一击。所以"千年虫"问题、互联网黑客、数据隐私等一系列问题背后，互联网技术安全的恐惧让人充满了担忧。^[25] 互联网数字武器威胁的化解方式也不再是一种被动防御，而是一种主动性的攻击摧毁——假如一方能够识别另一方为攻击性的时候，为了数据安全，会采用数字武器反攻和制约对方网络及终端，提前阻断对方并且让对方的攻击无法继续实施，但这种相互攻击性增高的风险让人战栗和恐惧。在互联网安全与危机中，未知性是最大的风险。一旦成为现实，已经发生，就成了已知，也就不再担心未知性，可以实现防护。但是基于互联网技术自身的特点，对于"第一次"的未知性进行预测和防御是很难实现的，这也是为什么数字武器会给对手带来威胁和无比巨大的恐惧。

互联网数字武器恐惧实质是对巨大未知性技术，以及因为万物互联导致系统崩溃的巨大风险破坏性而产生的技术恐惧。物理学家尼科拉特斯拉在 1926 年就已经高瞻远瞩地认为，无线电完美地覆盖整个地球的时候会转化成为一个巨大的大脑。[86] 通过这些设备，人们能做的要比现在的电话接打方便得多。人们能够把很多技术放在背包、口袋里，但是，这些能够放到口袋里的设备和技术，不仅给人类带来了便利，同时也可能在数字安全领域给人类带来灾难。

（五）互联网数据的隐私安全性技术恐惧

现代技术恐惧中，以计算机网络技术和移动互联网、物联网为例，万物互联固然是美好的，但是隐私泄露和侵犯的成本代价更加巨大[87]。更重要的是，互联网技术中的风险是无法提前阻断的，只能够事后弥补。同时，对于技术使用者而言，该技术会带来温水煮青蛙的效应，我们沉浸在快乐、幸福和利益中越多，当我们遇到风险时被剥夺和丧失的痛苦和恐惧就会更大，并且这种风险和不确定性往往是后知后觉的[87]，加上自责、内疚、羞愧等主体性心理加工，会进一步外化对技术物的恐惧性投射，形成对该技术的强烈的恐惧反应。比如手机成瘾后，我们可能会砸了手机和电脑等技术物[88]，甚至会转化为对被网络控制的主体性的二次伤害，例如采用自伤自残的方式来减少被计算机网络控制的风险和程度。但是事实上，我们即使自伤自残，仍旧无法摆脱网络的束缚和成瘾控制等，以至于我们对这种无形的网络客体的恐惧感无法消解。所以，现代技术恐惧后知后觉，无法消除，其从对技术物的攻击破坏发展为找不到技术物的投射性攻击，甚至转化为对自我的攻击和伤害。

表 5.1　隐私安全的重大事件

年份	公司名称	事件	涉及金额	报道机构
2018	"脸书"（Facebook）	意大利数据保护监管机构 DPA 处罚 Facebook 违反《通用数据保护条例》（GDPR）	1000 万欧元	英国《卫报》
2019	"脸书"（Facebook）	美国联邦贸易委员会处罚 Facebook	50 亿美元	英国广播公司（BBC）
2019	谷歌（Google）	法国数据保护监管机构国家信息与自由委员会（CNIL）处罚 Google 违反《通用数据保护条例》（GDPR）	5000 万欧元	法国数据保护机构 CNIL

随着各类技术的不断发展，基于位置跟踪、行为偏好记录、智能推荐的各种定向精准化服务在给人们提供诸多便利的同时，也产生了越来越多的数据隐私问题。[89] 例如，2018年，谷歌公司被爆出 50 万 "Google+" 账户资料外泄，并先后为此付出总计高达 90 亿美元的罚款。频发的数据泄露问题正逐步削弱公众对科技公司隐私保护能力的信任。[89] 根据兴

业证券经济与金融研究院整理的《2015 诺顿网络安全调查报告》[90]，中国受访者对政府保护个人隐私信息的信任比例达到 60%，对金融机构的信任比例只有 24%，对电商为 11%，对社交媒体 8% 的隐私保护信任度是最低的（图 5.1）。这种数据隐私泄露风险必定带来对该技术安全性的质疑，引起技术使用者的焦虑和恐惧反应，成为"互联网+"时代技术恐惧的典型表现。

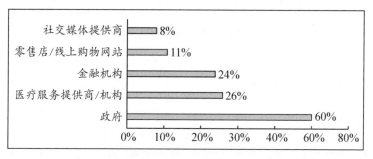

图 5.1 中国受访者对各类机构隐私保护能力的信任情况

"互联网+"技术恐惧的形成根源，是全球范围对互联网的需求增加，同时对互联网安全的投入和重视明显不够的矛盾。总体上可以发现，中国公众对政府的互联网信息安全认可与信任可以达到 60%，相对较高，但是对于其他机构的信息安全信任度却非常低。在安全信任的另一面，就是对不安全的深深的焦虑和恐惧。

据全球数据泄露的信息统计发现，全球信息泄露事件的发生频次不断增高（如图 5.2），涉及的数据泄漏总量更是不断创出新高（如图 5.3）。[89] 在一些重大的数据泄露事件背后，波及的相关人群隐私数据侵犯影响的深度和广度也空前巨大。这些图表中的数据背后，是相关人群对数据安全和隐

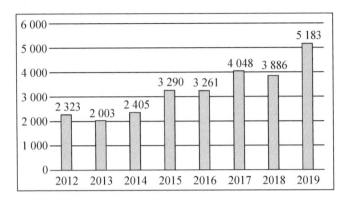

图 5.2　全球数据泄露事件（单位：次）

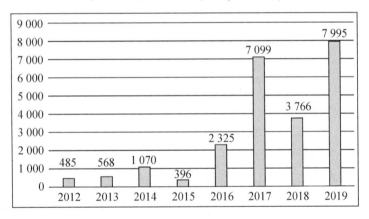

图 5.3　全球数据泄露事件涉及的数据量（单位：百万条）

私泄露后果的深深忧虑和恐惧。我们在对"互联网+"技术恐惧的同时，也不禁要追问：我们应该怎么办？技术不安全的负面效应如何消除？我们内心的技术恐惧如何消解？固然，我们依旧要依赖并且相信技术的力量，完善和发展更新的技术，但是另一方面，我们"一朝被蛇咬，十年怕井绳"的技术恐惧，更需要引起高度的重视，借助心理学、社会学和计算机科学、媒体传播等多元角度来化解技术恐惧的负面效应，如此才能真正实现技术服务于人的目的性价值。

总之，互联网数据的隐私安全性恐惧是人类的安全需求平衡被互联网技术打破而产生的失衡状态引发的恐惧。互联网数据的隐私安全性建构虽然在不断地升级，但是这种安全性总是相对的，始终无法建立绝对安全的、一劳永逸的隐私安全保护。隐私安全的恐惧与互联网技术密切结合形成了互联网数据的隐私安全性技术恐惧，这本质上是对互联网技术安全的不确定性的恐惧，也是对个体隐私信息暴露程度和群体信息数量泄露等巨大破坏性的客体性恐惧。

（六）网络虚拟人的替代性技术恐惧

网络虚拟人的诞生，同样引起了一系列的恐惧反应。[91]就好比美国内战的奴隶身份转变一样，最初的天赋人权和平等对象中是没有奴隶的，最后一个奴隶计算为半个人，最后通过内战才彻底解放了奴隶，成为真正的平等的人。与此类似，网络虚拟人是不是人？是否享有人的权利？是否履行人的义务？如果网络虚拟人拥有了人类的情感，人类自己的定义可能面临威胁和挑战，现有自然人可能会陷入深深的担忧之中，担心虚拟人的认知记忆优势以及可能的基于图灵测试实现其对人类情感的理解能力不断提升，带来的人类自身生存机会和资源的减少，这将会成为公众最大的技术恐惧。试想一下，如果虚拟人不仅仅是取代自然人的工作机会，甚至取代了其在家庭关系中的地位，情感投射和依恋的角色也被取代，那么自然人有什么价值感呢？自然人活着的意义是什么呢？是与机器或者网络虚拟人进行一场虚拟的恋爱吗？甚至与网络虚拟人、机器人进行恋爱甚至发生性关系吗？如果这样，是否意味着对自己的否定——否定身份、否定角色、否定价值，从而把自己降格，变成了同等的网络虚拟人或者机器人一样？这种心理上的冲突感，必将会引起非常严重的心理恐惧。

哲学家阿伦·瓦兹（Alan W. Watts）认为，人类从未体验过躯体之外的身份，人类会战战兢兢地忽略它、否定它。[92] 这一点将会因网络虚拟人或思维克隆人的出现而改变。一系列新问题和挑战都会引起认知冲突，人类面对不确定性和风险性时也会产生深深的恐惧。网络虚拟人需要纳税吗？如果他们犯罪了，法律是否适用于他们？他们本质上是一种技术代码，是与人类 DNA 代码不一样的非自然物，那么如何对其进行限制和惩罚呢？是用另一种代码来约束和限制？还是像对自然人一样进行自然物存在情境下的一般性惩罚？惩罚的意义和结果是否能够实现？所有的问题背后都是深深的不确定性，甚至是技术对人类规则带来的巨大的风险挑战，因而必定带来深深的技术恐惧。

罗斯布拉特（Martine Rothblatt）在《虚拟人：人类新物种》一书中指出，人权是属于人的。[91] 在网络意识来到之前，人们有 10 至 20 年的实践机会，应充分利用这段时间，为虚拟人及相关问题进行准备，并让人类的人权更加完善。当人类像尊重自己一样尊重他人的美德普及至世间各处时，人们就已经为明日世界做了最好的准备。[93] 在那个新世界中，思维克隆人和网络人都将急切地把自己视作初来乍到的人类。网络意识第一次使人们以技术不朽的形式生活在现实世界中，而思维克隆是技术不朽的关键，这意味着死亡不再被视为生命中的决定性因素。

综上可以发现，互联网技术恐惧包含对5G新技术竞争、技术依赖性成瘾、技术隐私安全、数字武器的攻击破坏性和网络虚拟人的替代性等诸多负效应的恐惧，本质上是人对抽象虚拟技术的恐惧，是对看不见、摸不着的技术风险破坏性的恐惧，也是对缺乏具体化的客体对象的不确定性和技术代码未知性的技术恐惧。当然互联网技术恐惧可能阻碍技术的发展进步，对5G技术的抵触可能延迟技术的接纳过程，甚至可能演化为国家地区性的技术落后，引发其他相关的技术恐惧变化。但是，这并不能否认技术恐惧存在的合理性及其价值。我们可以发现技术恐惧有助于警醒人们激活对看似不存在的事物的恐惧，从而约束技术的破坏性风险，避免更大的技术负效应给人类带来的伤害或损失。此外，技术恐惧提供互联网技术发展的反向推动力，人们对互联网技术安全的担忧和恐惧在反方向上助推了技术的创造性转化和创新性发展，有助于实现技术完善和升级，互联网安全防护技术在不断地进步，互联网后进地区可能会加大技术开发的投入而实现加速发展，也可能在多元性技术上开辟互联网技术发展的新路径，最终实现技术服务于人的目的。从计算机技术到互联网技术，是技术从具体到抽象，从独立到关联，从实体性到存在性的发展过程，技术的风险破坏性被放大，未知不确定性增多，导致客体性技术恐惧频发的过程。

三、核技术恐惧指向技术客体的风险破坏性

核技术恐惧，是指核技术对个体或环境的伤害程度及其延续性的未知风险。核辐射的破坏性，不仅是此时此刻，而且是过去曾发生过的，尽管实际发生概率小，但是一旦核辐射发生，其对人类的影响程度是巨大的，甚至可能带来人类基因的突变风险，以及其他未知的伤害性风险。"谈核色变"，更多的是对未知破坏性的恐惧[94]。只有深入分析核技术发展历程，梳理核技术客体的发展演变过程，才能够发现核技术恐惧的演变规律，即从核武器恐惧泛化到核技术恐惧，从和平利用核能到出现核泄漏（辐射）恐惧或核废料处理恐惧，到核概念抽象化与泛化的恐惧。

核武器技术是"死亡技术"的代表，具有巨大的破坏性。1945 年被投放到日本广岛和长崎的原子弹在该地区的爆炸和伤害巨大，一颗就相当于上万吨 TNT 的爆炸威力，两个地方的直接死亡人数超过了 10 万，伤亡累积在 20 万以上，这成为二战中日本宣布投降的直接原因。原子弹这一超级核武器形成了军事上巨大的不对称优势，成为战争胜负的决定性技术因素。这一切，都建立在核技术具备的巨大破坏性和杀伤力的基础上。原子弹、氢弹等现代的核军事技术也仅仅在个别国家掌握的情况下，就使各国缔结了《不扩散核武器

条约》，根本上也是因为这一"死亡技术"客体的巨大破坏性。世界核大国基本已经放弃具体的核试验，更多是采用计算机进行模拟核试验来对核技术升级研发并计算其威力，核技术背后的神秘面纱更加难以洞悉，其破坏性也附加了一层神秘感。

即使是在核技术和平开发利用的领域内，频繁发生的核事故及其影响依旧牵动着人类核技术恐惧的敏感神经。根据核装置受损程度，尤其是堆芯熔化程度、核泄漏的放射性物质数量等级以及造成的健康和环境影响程度，国际原子能机构设计了国际核事故分级标准，从表5.2可以看出全世界发生的5级及以上的核事故情况。

表5.2　全世界5级及以上核事故信息表

名称	事故等级	地点	时间	破坏性	后续影响
切尔诺贝利核事故	7	苏联	1986	辐射量相当于400颗投在日本的原子弹	周边3万多平方公里的土地遭受严重污染
福岛第一核电站事故	7	日本	2011	一系列设备损毁、堆芯熔毁、辐射泄漏等	核污染水排放入海，引发恐慌和反对
克什特姆核废料爆炸事故	6	苏联	1957	爆炸相当于70—100吨黄色炸药	放射性物质外泄，波及面积达2万多平方公里
三哩岛核泄漏事故	5	美国	1979	部分堆芯熔毁	8万人惊慌撤离
戈亚尼亚医疗辐射事故	5	巴西	1987	7个主要污染区和85间房屋受到污染	121人受到铯－137污染，4人死亡

续表

名称	事故等级	地点	时间	破坏性	后续影响
恰克河核事故	5	加拿大	1952	核反应堆功率骤增，发生氢气爆炸，堆芯损毁	没有造成放射性污染、间接财产和人员伤害
温茨凯尔反应堆事故	5	英国	1957	销毁 500 平方公里地区 1 个月内出产的牛奶	辐射波及太广，横跨英国和北欧数百英里

除了特大核事故，还有很多频发核事件，也都触动着人们的敏感神经，引起不同程度的技术恐惧。据统计，印度、韩国、日本、英国都发生过不同程度的核事故。中国大亚湾核电站 2010 年发生异常，虽然该事件没有放射性物质泄漏，但是根据国际通用的《及早通报核事故公约》[95]，其仍然被评估为异常并公之于众。作为客体性存在的核技术设施不可避免会发生事故，一旦发生事故，不公告给公众会产生未知恐惧，如果使用专业术语进行公告又很难让公众形成科学理性的认识，反倒可能在谣言或夸大作用下，形成更大规模的恐慌现象或更大范围的技术恐惧反应。

核技术恐惧比一般意义上的恐惧程度更高，但是随着人类对核技术及其规律的认识，以及核技术相关信息不断的公开透明，核技术恐惧已经得到一定程度的减轻。尽管核恐惧的范围在不断扩大，因为核电站、核废料等和相关事实存在不断增加，对已知破坏性和未知核辐射风险也都不断增加，带来恐惧范围和频率的不断加大，但是核恐惧的程度是有所减轻的。

核恐惧还包含对核武器、核能、核废料等产生的技术恐惧。"谈核色变"根源于核技术的巨大威力，一旦这种威力失控或者带来破坏性，就会引起强烈的核技术恐惧。一旦有了第一次核技术恐惧，以后核技术相关风险即使没有现实发生，也会唤起人们的恐惧情绪。核废料本身就是核技术带来的一种副产品，人们对核废料的担忧和恐惧，不仅仅是对环境伦理的担忧，本质上来说是对核技术本身的担忧，即核技术恐惧。首先是因为核技术的安全风险和巨大破坏性，其次是因为日常生活中人们对核技术的无知和不了解，尤其是对核安全防范技术的科普不充分，以及人类主体性内在对安全的需求强烈和对不安全的高度警觉性会使人对与核技术相关的信息进行认知信息过滤和选择，最后匹配外界风险破坏信息，这种对核废物的恐惧投射到对核技术概念本身的过程，形成了核技术恐惧。

为什么恐惧核技术呢？从主体性看，是因为人们对核技术本身并不了解，缺乏对辐射相关知识的积累，人们对技术本身科学性和科普性的认识、了解是不够的，因此人们开始形成一种抽象化的恐惧，谈起时总是充满了未知和不确定性。人们主体性对技术客体的一种反应，总是一个抽象化的概念，是简单化的概念或者代表性、标签性的概念。在这种代表性、标签性的概念背后，比如说人们谈到的核辐射及其他核危机，都是爆炸式的，或者是很严重的标签式的负效应（如使人患癌症），其已成为人们主体反应的一种机制。所以在技术恐惧视角下，主体性的反应机制就决定了人们会产生技术恐惧，尽管这只是一个非理性抽象化的过程，一个局部、片面的技术认知偏差导致的技术负效应的放大过程。人们需要更多的科普，把"谈核色变"中的核辐射与人们日常生活中存在的这种辐射现象关联起来并进行比较，而不是把信息隔离、封锁起来。事实上，如果信息被隔离或封锁，人们往往会进行主观武断的猜测或臆想，传播不科学、不确定、不清晰的信息，恐惧也就随之被传播，所以最后产生了恐惧的叠加，产生了谣言，产生了社会性的技术恐惧，从个体层面延伸到了群体层面，进而延伸到了社会性层面，形成了社会性恐慌等。

日本福岛核泄漏事故后，全球掀起了拒绝和禁止核能的运动，德国等国民众开展了示威游行，政府宣布逐步减少核设施，很大程度上是因为核技术事故带来的巨大的社会性技术恐惧。核技术恐惧要求对核技术进行约束和规范，一方面可能真的防范了核风险，起到了对核技术负效应的预防，但是另一方面又可能阻止了核技术的发展进步，尤其是对核能技术的开发利用，以及对核技术的创新性发展和创造性转化。然而，事实上，核技术所带来的技术福利已经让人类对于核电能等技术产生了严重的依赖，尽管核电站发电量目前在全球发电量中占比不足 10%，但是在可预期的将来，随着可能的核聚变技术进步，核能技术牢牢地占据着支配性优势地位。既然无法摆脱技术的负效应，就要学会与技术负效应共存、共生、共舞，在技术的福利与风险的平衡张力中追求技术的发展进步。如果取消核电，在巨大的能源需求面前，替代性能源的成本和风险可能更高。要想更好地解决人类面临的能源危机难题，核技术恐惧的启示并不是要放弃核电技术的开发利用，而是借助技术手段不断创新和完善核安全技术。

因为核技术应用的广泛性及其蕴藏的巨大破坏性，核技术恐惧的普遍性和恐惧程度决定了人类在不断开发利用核技术的同时一定会伴随着挥之不去的核技术恐惧。然而也正是因为核技术恐惧的存在，才唤醒了人们对核技术风险破坏性的充分认识和高度重视，进而形成了《不扩散核武器条约》，产生了对核技术破坏性的约束力量。与此同时，技术恐惧还提供了核技术和平开发利用的反向推动力，从认知和行动上都唤起了对核技术的创新性发展和创造性转化，通过对核技术结构、功能和使用规范等属性的不断完善，实现技术服务于人的目的性价值。

四、生物医学技术恐惧指向技术客体的未知不确定性

16 世纪解剖学成熟，17 世纪生理学建立，18 世纪病理学诞生，19 世纪微生物学飞速发展，但是科学的发展并没有同步带来技术的进步，医学技术在 19 世纪以前并未获得与科学发展相匹配的大发展。直到 19 世纪末 20 世纪初，现代技术进入医学领域，带给了医学技术迅猛的发展。技术通过利用事物的规律实现为人类服务，技术的发展以科学为基础，同时又为科学进步创造了最好的条件。近百年来，科学与技术的差距日益缩小，一方面科学成果迅速转化为技术，另一

方面技术手段的进步又促进了科学的发展。

生物医学技术本质上是一种治病救人的技术，是生命增强技术，是引领人类走向生命而不是背离生命的技术，所以生物医学技术原本不应该引起技术恐惧的。但是诸如贺建奎基因编辑婴儿等事件的发生，为什么又引起了生物医学技术恐惧呢？根本上来说，这是对未知性的技术恐惧。尽管当下看不到任何具体的破坏、伤害，但对未来是否具有破坏性的担忧，演化为对技术未知不确定性的恐惧并挥之不去。因为生命技术本质上也包含着死亡的成分，因为有了死亡，所以生才有了意义，而如果没有死亡，生可能也就失去了意义和价值。当生命技术走向永生的方向时，必然面临着人类伦理的巨大冲突，因而也会激发死亡恐惧。[24] 一个技术从设计诞生开始，就应该是生死本能兼有的，善恶属性兼有的，即使是生命技术，也蕴含着死亡本能的成分。所以生物医学技术中蕴含的死亡本能最终激发了生命技术恐惧。

高新生物医学技术是以人为对象的技术体系，这里不仅涉及技术的风险破坏性和未知不确定性，还涉及人们对人的客观化、人的价值和尊严的系列讨论和关注。伦理学主张在一些高科技生命技术中采取"有罪推定"的政策，在提供不会对人类造成严重伤害的证据之前，应暂停人体实验。[96] 这样的有罪推定，事实上增加了对高新生物医学技术的恐惧，越是进行有罪推定，就越发聚焦技术之罪，就越容易关注技术的未知性和风险性，产生的技术恐惧就越普遍、越强烈。这本质上是技术恐惧对生物医学技术发展速度的一种约束，是发挥了技术恐惧的刹车机制的作用。正因为现代技术已经与科学密切结合并且技术成果转化的速度已经越来越快，且人类总会担心自己被基因、疫苗等技术所支配或控制，担心生物医学技术给人类带来未知的副作用[24]，所以本质上人类的长远发展需求要与更多的技术恐惧与高速发展相匹配，防止技术发展过快导致的技术失控，以及对人类带来的未知不确定性风险[25]。

生物医学技术的发展速度需要技术恐惧进行约束。生物医学技术作为生命技术服务于人，增加人的寿命，减少人类死亡，这个意义上是服务于人的。[97] 但是如果这一技术发展到极致，以超出人类接纳和承载能力的速度研发和推广基因编辑等技术，推进人类永生或超级基因增强等，就会带来极大风险并引发技术恐惧。没有死亡，生命的意义又是什么呢？当生物医学技术不断发展进步，制造"超级人类"而永生的时候，对人类究竟是好事还是坏事呢？按照自然界的进化规律，只有新生事物的到来才会更好地促进物种的发展进步。但是如果生物医学技术实现了人类基因重组和优化，并进而实现了人的不死和永生，反之可能就不会有新人类的诞生，人类的生育繁衍就会停滞，人类的自然属性也就消失了，在大自然和物理世界中的人类也就失去了实在性，那么人类存在还有什么意义呢？如果人类存在变得没有意义，那么让人类永生的生物医学技术，如何作为生命技术的代表实现服务于人的目的性价值呢？所以，在这个意义上，生物医学技术作为生命技术的存在具有服务于人的一面，但是与此同时也需要批判和辩证地看待该技术可能带来的副作用和负效应，尤其是该技术客体具有的不确定性和未知性。在超出了人类当前的认知能力和范围而无法提前预知的情况下，技术恐惧才真正能唤醒我们的风险意识，警觉人类的未知危机；而对生命技术抱有敬畏和谨慎，甚至设立和遵循"有罪推定"原则，确保技术发展与人类接纳适应和预测能力相匹配，能避免发展速度过快的未知不确定的生命技术带给人类毁灭或破坏等风险。

"精准医学计划"是最早在美国发起的医学行动，而后迅速得到了全球响应，中国也将其列入"十三五"规划的重点领域。20世纪下半叶以来，科学发现与技术应用的距离越来越近，医学技术与生物化学和细胞生物学的结合越来越密切。1953年，沃森和克里克发现了DNA双螺旋结构，分子生物学此后的发展日新月异，尤其是近年人类基因组计划得以完成并极大地推动了生物医学技术进步。大数据和人工智能技术的支撑，也为分子水平上发展医学技术提供了很大的空间。[98] 固然在精准医学的微观层面的技术进步已经很多，但是人作为整体复杂的系统，交叉学科拓展未知领域，是否蕴藏着更大的创新性和医学技术发展的新空间呢？中医文化技术在现代精准医疗技术体系下如何更好地得到发展，而不是日渐式微？这都需要激活技术恐惧，从而再次审视医学技术的发展方向。

人生就是一场以死亡为终点的旅行。当前人类医学和医疗的方向是拯救疾病河流下游的人们，尤其是拯救垂死的病人。但事实上，防止人们跌入疾病之河是更好的技术方向，并且有助于帮助人们改变不良的生活方式。但遗憾的是，今天的医学发展方向重点不在这样的方向上，甚至存在方向偏差，所以越聚焦死亡和疾病，人类的恐惧越多，越可能把恐惧投射到现有的医疗技术局限性上。技术恐惧关注死亡危机和疾病，有助于借助死亡本能修正生物医学技术的发展方向，警醒人类走向生命技术的发展，实现疾病的预防。

提升生物医学技术恐惧的水平，积极应对医学技术的风险，还需要辨识由资本引起的技术风险。一种有抗炎症效果的止痛药"万络"，在资本推动下得到广泛应用和推广，但后来越来越多的病例证明，该药物不仅可能引发乳腺癌，而且还会对心血管造成巨大的副作用，由此导致该药物停用退市。该药物引起的药物使用者恐惧其实就是对医药技术的恐惧，也是对技术背后资本不恰当驱动技术的恐惧。此外，不少好的医学技术却因为资本收益较小而得不到发展，这也是因为资本驱动下的不当技术已经挤压了原本应该获得发展的空间。所以必须限制某些使用不当的技术，避免不必要的技术恐惧。有些资本驱动下医疗技术滥用或过度使用的情况，带来的不仅仅是对个体技术使用者的过度医疗或其他副作用，更会导致对该技术的信任度消减甚至形成更多过度医疗相关的技术恐惧。

综上所述，从具体物的机器技术，到抽象存在的互联网技术，从死本能的核技术，到生本能的生物医学技术，技术在不断发展和进步。但是在技术发展进步的同时，挥之不去的是两种基本属性，即技术风险破坏性和未知不确定性，作为技术客体负效应引发技术恐惧反应。因此，技术恐惧产生的客体性原因主要在两个方面。第一是人们无法百分之百地衡量新技术的可靠性和准确性。人类喜欢用完美的标准来评判新技术的发展，但是有风险的时候就会害怕，所以这个完美的评价标准是恐惧的本质来源。第二是人们总是用新技术的已知风险来预测未知的收益。众所周知，预测风险比预测收益更容易。而且，新技术的完美标准让人们看到了更多未知的风险，而不是未知的收益。新技术的连接性和透明性大大增加了人们生活的价值，也能创造很多附加值，离开这些价值后该如何生活，这是人们难以想象的。

技术恐惧的客体形态是多样的，既有实体的技术物的恐惧，又有抽象的互联网技术的恐惧，既有对核技术这一类死亡技术的恐惧，也有对生物医学等生命技术的恐惧。因为技术无处不在，所以人类被笼罩在一个无处不在的技术恐惧系统之中。当代越来越多的技术，事实上是抽象技术与实体技术、生命技术与死亡技术的融合。随着现代技术的发展和文明的进步，破坏性的死亡技术在朝向服务于人类的生命技术转化，生命技术的发展中也伴生着未知的风险破坏等死亡技术可能性。技术作为技术恐惧的客体，展示出了技术的风险破坏性和未知不确定性两个方面的基本属性，正因为这两种客体属性，才导致人类主体的恐惧性反应。在关于"恐惧什么"的基础上，我们还需要进一步认识恐惧作为主体性反应的特征，这也正是下一章要深入研究的主体性解析。

第六章

———

"谁在恐惧"：
技术恐惧的主体性解析

人只有在恐惧中才能认识自我。

———［丹麦］索伦·克尔凯郭尔

技术恐惧是特定情境下人的内在危机与技术负效应交互作用的反应。在这一反应过程中技术是客体，人无疑起着主体作用，发挥着主体性功能。在技术产生、发展、应用和完善的过程中，人作为技术的主体起着主导作用。技术主体是与技术相关的，主体之所以成为主体，正是因为有了技术这个客体的存在，人的主体地位是在与技术客体的关系中得到确证的。

技术恐惧的主体是人，人区别于技术的显著特点在于认知反映的主体性过程。主体了解自己的表现并对自己的能力做出准确评价的主观能力，被称为主体性元认知能力，要求主体知其然并且知其所以然。在技术恐惧的主体性分析中，技术的负效应通过主体性的逻辑推理进行恰当的反应，做出相应的心理行为反应，就是技术恐惧发生的过程。邓宁（David Dunning）和克鲁格（Justin Kruger）于1999年研究发现，逻辑推理能力差的人会高估自己的能力，而逻辑推理能力好的人会低估自己的能力。[99] 这可能带给技术恐惧主体一些新的启示，比如在对技术负效应的认知过程中，人们同样受到一种虚假一致性效应带来的认知误差，甚至形成一种非理性的技术恐惧。科学技术前沿的设计者或发明者或许错误地估计了他人也会同样认识到技术的负效应，并且认为自己对技术负效应不恐慌，所以他人也不会恐慌，或者低估了他人恐慌负效应的影响程度。对于一般的技术用户而言，很可能会高估技术负效应的影响，进而产生一种"不知道自己不知道"的盲目的技术恐惧，通过盲目的传播放大带来非理性的技术恐惧。[100] 换言之，技术恐惧的主体也可能因为元认知缺陷而带来技术恐惧的泛化和非理性反应。

从客体性技术信息的已知和未知的相对性看，人类主体知道技术负效应的已知部分或未知部分，都会引发不同程度的技术恐惧反应。但是当人类主体不知道有哪些技术负效应时，人们可能并不恐惧，或者说技术恐惧在这个层面上得到了消解。然而在技术主体不知道技术负效应的"不知道"这一未知部分时，会产生一种原始蒙昧的技术恐惧，将技术抽象化为某种神秘的超自然和超认知的力量，纳入自身的合理化认知范围形成认知协调，从而求得人类自身的安全和安宁。

技术恐惧也是因为人类需求平衡状态被技术负效应打破而引起的反应。现代科技手段已经让人类更加容易获得生理、安全、归属、自尊和自我实现等需求的满足，但是在这些满足后的安全感、价值感、效能感、归属感等遭受威胁、面临丧失或者打破后，导致无法继续获得满足和维持需求平衡的时候，技术恐惧就从需求平衡打破的缝隙中不断滋生和滋长。安全感是人类最基本的需求，安全感被打破，人们就产生深深的不安全的焦虑[101]，焦虑背后更深层次的就是生存风险恐惧。同样，价值感、效能感、归属感等从已经满足的状态变为一种缺失的状态[79]，甚至出现因为技术负效应而导致的需求满足的平衡状态打破的危机，因此人们会产生没有目标的焦虑和针对某些具体技术或技术物的具有指向性的恐惧。

技术恐惧的实践意义和理论价值，都与人这一主体性密不可分，从实践层面探索如何消解现代技术对人、社会和自然的异化；从理论层面探索人与技术的内在关联，揭示技术的演变规律和价值内涵。所以技术恐惧的研究需要从人类主体出发，并回到以人为本的主体性目的。[17] 技术恐惧根本上是人的恐惧，是一个主体性恐惧反应而引起的现象存在。如果离开了人这一主体，恐惧就失去了依托，也没有了任何意义。所以，技术负面效应和正面价值都需要通过恐惧主体表现出来，并影响着主体做出回避性或战斗性的主体反应，进而产生对他人、技术、自然或社会带来系列的影响的主体性价值，一方面主体脆弱性唤醒技术幸存者远离技术负面效应，实现自我保护，另一方面主体韧性帮助技术幸存者走出技术负面效应的创伤和影响。

一、技术恐惧的主体性反应

虽然很久以来人们始终关注技术对人类的负面影响，但是这些探讨大多停留在宏观视角，很少有深入细致的研究。对技术与人的心理问题的互动关系、互动机理，以及对人这一主体的种种技术心理问题进行的分析仍较少。近几十年来，随着信息技术、基因技术、纳米技术等新技术的发展，人们由新技术引发的各种心理反应也越发凸现出来[25]，技术恐惧引起人类更多的关注，越来越多的专家、学者开始深入具体地研究技术恐惧背后人的主体性心理行为反应。

恐惧会让你逃跑，因此你被杀死的可能性更小，更有可能生存和繁衍下去。然而，在许多情况下，人们指出他们在危机情况下并没有经历恐惧。恐惧，就像其他情绪一样，可能会出现延迟，甚至有时会因太慢而无法处理当前紧急事件。当你意识到另一辆车将要与你的车相撞，你没有时间害怕，恐惧也不会对你有太多帮助。然而，当下一次类似情况出现，你再次向左急转弯时，恐惧可能会出现，就好像是为了说服你不要把自己置于可能存在的危险之中。面对技术负效应引发的危机时，也许人们来不及经历恐惧就已经做出了逃跑或战斗的反应。但是当下一次类似的技术风险或危机情况发生的时候，技术恐惧就可能会不由自主地跳出来，或者说将此前被压抑和掩饰的恐惧激活，并且以更加强烈的方式叠加呈现和表达。

恐惧是因为人受到威胁而产生，技术恐惧就是人类受到技术的威胁而产生的。技术在服务人类的时候，其自身也给人类带来生存威胁和安全威胁。技术解放出来的巨大的破坏性，比如核技术及其潜在的失控风险，让人类感受到核战争、核威慑、核泄漏等对人类生存的巨大威胁。此外，新技术还不断地威胁着人类的主体性价值感，让人类的价值必须借助技术才能发挥出来，如果离开了机器，人类将无法实现或完成很多事情，也就无法实现完成目标后的价值。马斯洛认为，只有当人类的低层次需求得到一定程度的满足时，高层次的需求才会出现。反之，如果低层次的需求诸如安全感被打破或者受到威胁，人类就会产生大厦将倾的强烈的恐慌和焦虑，进而一定程度上威胁或影响整个需求体系的稳定程度和满足程度，以及人类主体性价值的追求和实现。

人与技术的平衡是动态化的，人在技术面前的主体性也是动态化的，有时候主体性充分支配并占据主动，有时候主体性削弱成为被动行为过程，那么技术自然而然地就成了主动甚至是具有支配性的一方。当技术不够智能化的时候，那种愚蠢的支配会让人拒斥技术，担忧这样的技术无法辅助人类；当技术非常智能化的时候，那种具备人性的不知不觉的支配性，更加让人感到后怕和恐惧，正所谓是进亦忧退亦忧。从主体性视角看，技术也是少部分人拥有的对其他人的信息不对称优势，或者是人类对自然的信息规律认知形成的优势，包含技术的研发、设计、使用等全过程中的不对称优势。王娜分析认为，技术设计者的价值认知自由、技术决策者的价值审视偏狭以及技术使用者的价值反思匮乏，都可能导致技术负效应并产生技术恐惧的反应。[34] 技术设计者的价值判断任性、技术决策者的价值选择悖谬以及技术使用者的价值反馈缺位，都与技术负效应的产生密切相关，因而也与技术恐惧的产生密不可分。

（一）技术设计者的技术恐惧

戴维斯（Marc de Vries）从技术设计者的道德价值观出发，分析了技术道德问题的产生和本质，认为技术设计中采用何种道德价值观是技术道德问题产生的重要原因，并从技术设计者角度提出了如何处理技术道德问题的三种方法，即基于美德、基于结果和基于规则的方法。[102] 反之，如果无法遵循道德价值观进行技术设计，就可能会在技术的起点上带来技术负效应的极大风险，为技术恐惧埋下种子。

　　技术一旦出现，人与自然、人与社会之间的初始平衡必然会被打破，将会带来人的异化和对技术的恐惧反应。从技术设计者的责任视角分析，如果把技术人工物作为一种内在的道德实体，技术设计者理所应当成为技术人工物的责任主体，消解技术负效应引发的技术恐惧也是不可推卸的责任之一。责任缺失会带来两个主要的风险：首先，主体在技术设计的过程中可能会将注意力集中在技术本身，导致忽视自己的伦理责任，同时也会给用户留下不道德使用的漏洞；第二，是因为主体处于某一阶段、属于某一群体的局限性，技术的设计重在实现即时的、直接的、局部的最大利益，却无法超越阶段限制实现所谓的人类终极关怀。因此，随着技术的发展，人类也可能陷入越来越深的异化。

　　因为技术设计者们通过研究自然特别是生物的内在工作机制，去洞悉上帝那令人惊叹的秘密，获得一种读懂上帝的能力，在令人兴奋的同时，又让人感到害怕。这种害怕，是对技术未知的敬畏，是对技术风险的惧怕，是让人们谨慎前行，不要冒失打开技术的潘多拉魔盒的警示。如果这不是技术魔盒的错误，那么科学家共同体作为技术的研发者，或者被统称为"技术之父"或"技术之母"的群体则负有绝对的责任，所以这种责任感也是人们由心而发产生恐惧和敬畏的缘由。反之，如果人们不需要负责任，就不担心后果，也就没有恐惧。风险破坏性在科学家眼里首先是尚未发生的，尤其在新技术面前。所以人们只能预见，或者实验，而不是实践，因为实践应用带来的后果不可控。实验就是人类约束技术负效应的方式之一，或许可以用实验来描述科学家共同体内在的技术恐惧及其应对方式。

但是不可避免的是技术前进的方向上，技术设计者们可能缺乏未知的敬畏和恐惧，打开未知的潘多拉盒子之前，没有人知道它就是充满风险破坏性的魔盒。但是一旦技术负面效应的魔盒被打开，就不可逆地面临着技术魔盒中的各种风险和问题对人类主体的威胁。这就好像一个谎言的漏洞需要一千个谎言去弥补一样，技术潘多拉魔盒释放的技术风险破坏性和未知不确定性等负面效应，造成的已经可见的和尚未可见的后果，将会需要人类和自然付出成千上万倍的努力进行消解。所以技术设计者对技术负效应的前瞻和预判，就是主体性技术恐惧的主要内容。反之，如果没有技术设计者的技术恐惧和敬畏，技术的风险破坏性将会更大。

人们担心某些科学家像弗兰肯斯坦般通过技术干预和亵渎自然，最终导致混乱和破坏。从这个意义上说，"扮演上帝"刺激了人们对科技进步的恐惧，甚至呼吁禁止某些形式的实验室研究。克隆羊多利刚刚出生时，就有一场关于克隆人的讨论；同样，当纳米技术出现时，有人问："人们应该用纳米技术来增强人体吗？这种增强会改变人性吗？会有后人类还是过渡人类？纳米技术会导致人类身份认同的危机吗？"[103] 这都是技术设计者为代表的科学共同体必须要面临的关于技术恐惧的思考。尤其是在很多自然科学技术发展过程中，需要提出技术恐惧等人文追问，预防技术未来的不可控风险。

技术设计者的技术设计行为是一种主体性价值探索的过程。根据马斯洛需求层次理论，技术设计者更大程度上是在通过技术设计研发，实现技术服务人类的目的性价值，同时也实现技术设计者自我的价值。这两个价值在设计者那里很可能发生冲突或者不协调，导致部分技术设计者偏向个体自我价值实现，或者无形之中偏向自己所代表的技术共同体的价值优先，这很可能在人类层面上产生更多负效应或未知风险，即使这是为了人类整体利益和目的性价值的实现。因为人类自身是一种缺陷性的存在，认知无法超越时空，所以今天可预见的技术结果和目的，在明天可能会带来破坏，因此技术设计本质上是无法完全回避风险和化解危机的，技术设计者的主体性技术恐惧也必然存在和发生。也恰恰因为人具有的主体性恐惧本能，人类才可以在这些风险危机发生前，尤其是带来破坏性的实在性危害事实发生之前，唤起技术研发者的技术恐惧，并借助技术恐惧的唤醒功能和积极启示，实现技术设计中的民主化和科学性，进而促进技术设计者的价值实现。

（二）技术使用者的技术恐惧

法国技术哲学家戈非指出，技术让人最难以接受的，是它令其使用者接受现实的惩罚。现代社会技术更新速度的加快，一定程度上提高了学术人员开展网络学术传播的门槛。对于层出不穷的新应用，技术使用者需要花费额外的时间去认知和接受，技术依赖在某种程度上演变成技术恐惧。技术使用者在技术应用过程中越来越强烈地感觉到失去了主体性，这一空前的风险引发了无限的焦虑和恐惧，实质上就是主体性技术恐惧。

技术使用者中,成年人的技术恐惧与未成年人的技术恐惧具有显著的差异性。[10] 成年人的认知识别能力,会使其对非具体物形态的互联网技术抱有一定的防范意识,划定一个边界,从而预防人类自身受到技术的伤害。但是对于未成年人,其认知识别能力相对不够完善,更可能沉迷在互联网技术带来的便利之中,无法提前预设网络技术的使用边界,这导致互联网技术俘获了更多的未成年人,而他们却对于互联网技术的风险破坏性毫无察觉,因为缺乏具体物的恐惧实体的投射性,所以也就无须技术恐惧。即使有一些技术恐惧的反应,更多的也只是有限认知的互联网技术外在形态或者终端形式的电脑、网线,甚至是无线互联网的移动手机等,通过不惜损害技术终端的方式做出技术恐惧的表达和反应,但是本质上无法认识到技术终端背后的互联网虚拟世界的运行原理,也就无法更好地优化该技术。

下面以青少年网络技术使用者为例,看看技术使用过程中的成瘾性危机带来的焦虑和恐惧[53]。青少年时期是大脑非常活跃的时期,大脑的神经通路和连接非常丰富,但前额叶皮层发育还不充分,所以青少年的决策判断能力还不够成熟,情绪控制功能生理区的成熟较晚,一般在 30 岁左右。对于任何群体而言,焦虑本身都会引发更大的焦虑,对于情绪控制功能不够成熟的青少年而言,情况则更为严峻,所以青少年网络使用者更加容易依赖于网络技术并表现出上瘾行为,而网络的这一负效应必定会引起青少年乃至整个社会的互联网技术恐惧。

技术的便捷性等利益固然是有好处的，但是同样也具有风险性。大脑的静默功能，是需要休息和空白从而带来反思的。可是当今的移动互联网技术，让手机 24 小时伴随着使用者，占据着使用者几乎所有的空闲时间，固然提供了很多信息获得学习的机会，却也剥夺了其静默、反思的机会，大脑没有机会留白，也就缺少处理加工焦虑等情绪的充足的时间和精力。反之，人们沉浸在移动互联网技术氛围中而无法自拔，被信息技术牵引和支配而无法摆脱，一方面客观上导致人们难以处理焦虑恐惧的情绪，另一方面当人们蓦然惊醒的时候，猛然发现自己因为沉浸和依赖技术而丧失现实生活中其他资源，从而导致的悔恨内疚等，如此人们就会对技术形成莫大的恐惧感，进而把人类自身的局限性和渺小感暴露无遗。

移动互联网技术局部带来的丰富的信息和便捷的获取方式，脸书、今日头条、哔哩哔哩、微信、微博等国内外应用程序（APP）纷纷优化算法推送，一系列极为流行网络游戏，在带给人们网络信息娱乐盛宴享受的同时，也让使用者不知不觉养成了技术依赖心理或行为习惯，甚至发展成为上瘾行为问题——这些负效应激活了使用者的技术恐惧。合理利用手机避免成瘾的问题，应该是现代科技里面非常重要的一个部分，避免成瘾和依赖性，就是避免了主体性的丧失，从而有助于人回归本真的心灵。按照万物相生相克的原理，技术负效应带来主体性技术恐惧，其消解也依赖于对这些技术力量和支配性的约束。借助技术本身的力量来实现对技术的一种约束，这是完全可以实现的。但是为什么技术没有向这个有效规约的方向前进呢？为什么技术使用者无法享受到技术福利的同时还能够避免技术过度依赖的成瘾性危机呢？这就涉及技术设计者与技术使用者之间的对立统一性问题。技术设计者可能因为资本的原因需要实现盈利，也可能是出于技术研发者自我价值实现的需要，让使用者上瘾就是达成以上目的的方式和过程。当然也可能是技术研发者忽略了技术成瘾性危机的危险性，没有足够的预见和预防，也没有收到来自使用者关于成瘾性危机的反馈，或者选择性忽略了这些信息，所以技术福祉的另一面就变成了技术作恶，技术负效应的显现和技术不确定性的冲击，就带给了技术使用者更多的技术恐惧。

以某多人在线战术竞技游戏成瘾为例，通过访谈剖析一例学生当事人的自我陈诉可以发现技术恐惧的主体性产生过程。当事人陈述戏自己第一次玩该游戏的时候，很明确这是一种为了调整自己看书学习的状态的中介方式或手段。其刚开始看书累了的时候告诉自己可以玩一次，计划玩一次之后就放下，放下之后就可以继续回到学习的主线上，让游戏放松只作为插曲其认为借助游戏的过程来促进学习思考。然而事实上他发现，玩游戏这一调整的中介不受控制地占据了自己越来越多的时间和精力，占比到了 30%，远远超出了最早的中介方式规划比例 10%。更严重的是，在游戏技术背后的逻辑驱动下，中介手段开始成为目标，比如当一局游戏失败的时候，其个体价值感无法得到满足，于是告诉自己再来一局游戏就可能成功，要追求胜利并以此为目标。价值迷失就是在这样的过程中完成的，这种潜意识中的目标，就让当事人的主体自我告诉客体自我"再来一次"，甚至于不胜利就不罢休，然后因为主体的内在焦虑产生主体回避性，将失败归咎于技术客体因素，即归咎于当前的游戏方式或者当前的游戏角色，进而寻求替代性补偿，开始尝试游戏中第二个、第三个游戏角色，或者第二次、第三次组队，如此循环下去，导致其欲罢不能并沉溺在技术带来的虚拟游戏感受之中。回顾一下可以发现，原本学习是主要目标，但是在技术的便捷性和奖赏价值刺激下，看书、写作等目标就已经被冲淡了，直到可能完全忘掉当初"游戏促进学习"这一目标而陷入迷失。一旦从虚拟游戏中苏醒过来，人们会对技术创造的网络游戏产生一种莫名的恐惧，感觉自己陷入了游戏的黑洞，迷失了自我而完全被网络游戏支配着自己的思维和行动。更可怕的是，尽管产生了技术恐惧，但对技术恐惧的恐惧还可能继续消耗个体的资源，再次冲淡原有的目标，进而继续沉迷在网络游戏的虚拟世界之中而无法自拔。于是，技术恐惧也就在这个负性循环中不断得到强化，甚至引起主体的焦虑、抑郁等其他负性反应和问题。

换一个视角，现代技术代码写就的网络游戏，其实在设计之初，就是按照人性的规律进行的，换言之，就是打开了人类的缺陷。游戏为你树立了具体可行的目标，为你找到了最适合的难度障碍，还提供持续不断的积极反馈。这使得人们很容易就能够达到心流，从而沉浸在其中。斯坦福大学的瑞斯（Allan Reiss）教授研究发现，在游戏玩家获胜的那一瞬间，大脑的成瘾回路被异常激活，这是通过游戏玩家输掉高难度游戏时的核磁共振成像扫描发现的。因此，游戏成瘾最大的潜在原因是主体自豪感带来的自我奖励和自我价值。而这一切事实上都是技术使用者无法避免，而又被技术设计者加以巧妙利用的主体性特点。所以网络游戏的使用者在享受游戏快乐的同时，不得不面临被技术支配和成瘾等风险，而这些风险带给技术使用者一种不寒而栗的恐惧感，其实质就是技术恐惧。

在人与技术的关系中，人们更多的感受到的是技术客体的强大支配性，而技术使用者的主体性的不断退化和削弱，导致技术与人的关系本末倒置，这时候其带来的恐惧感才是技术恐惧的实质。就像技术发挥了主体性的功能，而人类技术使用者感受到的信息其实往往是互联网、人工智能等算法推送，就好比人的食物根本无法由自己挑选，都是机器和技术客体推送决定的。人们失去了决策权，人们的过程体验也是被动的，最终人们仅仅是一个信息接收的终端而已，就像吃饭过程中人仅仅是餐食的终点或者营养的接收器。

克尔凯郭尔一直关注人的存在和人的自由选择，他针对抽象的公共概念，提出了独一无二的个体的概念。在个体层面，当这种压力被挤压到一定程度并带来自我批评和恐惧时，个体会继续挣扎并摆脱恐惧，但越挣扎越恐惧。[50] 相反，个人在恐惧中接受自我，承认这就是我，承认我生活在混乱中，承认我是一个普通人。当个体接纳自己的无能和弱点时，他发现世界已经平静下来，他似乎能够行动。越挣扎越紧迫的恐惧，因为"无我"而消失。所有的一切源于我的恐惧，我的自我批判，我的执念，但又是它们引领我来到了这里，执念够了也就放下了，一切皆如是。技术使用者在技术强力支配性下迷失了自身的主体性存在，也放弃或让渡了人自身的自由选择，因此陷入对技术的依赖性无法自拔，无法分辨是个体在使用技术，还是技术在命令或支配人使用技术，认知或感受到的这种人与技术的关系倒置就是技术使用者的技术恐惧的主要特点。

（三）技术幸存者的技术恐惧

技术因为其现实及潜在的不确定性和破坏性而带来伤害，那些被伤害的人成为技术的受体，一部分人或许因为技术灾难而丧失生命，另一部分人得以幸存下来。格兰蒂宁总结了技术对技术幸存者带来的六种伤害：陷入对未来的恐惧中，担心灾难再次发生；心理压力不断增加；相似情景下，个人决策时往往会感到恐慌；感到无力，失去自我价值，经历自我失效；原本稳定、连续、适当的生活突然支离破碎，世界突然崩塌，一片混乱，没有希望；失去自尊和信心。[14] 这些伤害会带给幸存者长期的心理创伤或恐惧反应，因而本质上就是技术恐惧的反应。

2011 年日本福岛核泄漏，这次灾难不管是给地理环境还是人文环境都带来了极为恶劣的影响。因为福岛第一核电站反应堆熔毁，官方公布的死亡人数接近 1.6 万人，撤离了近 16.5 人，核事故中的幸存者只能得到东京电力公司有限的补偿，因为核事故失去的产业、发展机会、稳定收入来源等，都无法得到有效的补偿，对于核技术破坏性的心理创伤反应，总会以诸如噩梦、高警觉、恐惧等不同方式表现出来，技术幸存者的技术恐惧很可能相伴终身。

英国战后最具破坏性的工业灾难，发生在 1966 年的阿伯芬（Aberfan），因为工业技术处置不当，学校被煤炭尾矿吞没，有 144 人死亡。人们预想人类的脆弱性在灾难面前不堪一击，然而事实上，村民们清醒地依靠自己的方法应对悲痛和苦难，灾后一年的幸存者看起来很正常，似乎已经从惊恐中恢复。但是对人类脆弱性的叙述主导着历史的记忆，所以人们很难理解甚至不愿意相信阿伯芬小村庄的迅速恢复和适应，因而对应对灾难和恐惧的力量与资源的研究分析远远不够，而总是在文化价值观驱使下将幸存者作为隐形受害者，却又无法提出实质性及有建设性的问题解决方法与措施，最后的结果往往是徒增更多的恐惧。

地震灾难是自然发生的，对地震的预防和应对跟技术密不可分。2008 年汶川特大地震灾难是人类历史上迄今为止损失极大的地震灾难之一。尽管这个灾难是一次自然灾难，但是，死亡近十万人，灾难波及千万人口，对地震灾难的恐惧成为人们最激烈的反应，尤其是在人类脆弱性视角及人类主体性淡化的视角下。然而，人们的主体性永远不能也不会被低估。我国对口支援模式的高效率、北川地区民族文化中的宣泄和疗愈、四川人的韧性和幽默等文化要素，都向全人类展示了灾难面前恐惧终将被人类的智慧、勇气和爱战胜。地震灾难应对的技术系统一定程度上消解了逃避型反应，引领人们走向积极应对的英雄主义之路，也消解着技术幸存者的技术恐惧。

现代社会技术广泛应用的背景下，还有一种特殊的现象，就是"幸存者取代英雄"的逻辑，人们把英雄从神坛拉入人间，从而认定责任、牺牲或冒险都是违背人性的。这背后其实就是恐惧文化的盛行，使得人们把英雄人物完整的生活进行碎片化切割，截取片段实现对自己怯懦、渺小的合理性的论证，并因此心安理得。把生存作为道德情感价值基础的行为，产生一种对遭受无休止技术负面效应的建构和想象，凸显人类静态的脆弱性而忽略人类韧性成长的价值观文化，这本质上是一种失去对未来憧憬和希望的恐惧文化。

人类发展的历史上，人们用勇敢、坚韧、信心来应对艰难困苦和不幸，迎接来自大自然和社会的各种挑战。当今技术支配的工业化时代，人的主体性消退导致了技术强力的特征越来越突出，人以往的道德价值规范体系被技术文明体系深深的冲击，淡化了价值观体系中赋予痛苦和磨难以积极意义，也淡化了对痛苦磨难的积极应对和破解之法的探索，反而不同程度地选择了退缩、回避和免遭伤害，这只会让人的主体性进一步退缩，在人与技术的关系天平面前变得更加弱势和失衡。所以，要避免这种情况，就必须重塑希望、信心、勇气和韧性，从价值路径上突出主体性，尊重多元性，避免沉浸在脆弱性和人类受害者的被动情境中。

综上，分析技术恐惧对于技术幸存者的意义可以发现，技术恐惧一方面有助于为技术幸存者提供保护性价值，通过技术恐惧激活幸存者的回避性反应，从而减少技术对他们造成的伤害性和破坏性，另一方面有助于提升幸存者的韧性，促进韧性成长，在应对未来技术风险危机的时候，具备更强的应对能力和素养，不但能够在技术风险危机下获得更好的生存机会，更能够激发积极行为预防、消除或降低技术负效应，甚至追求幸存者群体更好的发展机会。

（四）技术恐惧的主体性实证分析

技术恐惧是对技术负效应的反应，但是本质上是人的主体性反应，因而具有很大的主体差异性。同一主体会对不同的技术表现出技术恐惧，同一技术在不同主体上带来的技术恐惧程度也有显著差异。个体层面上，人的年龄、性别、文化程度等人口学变量，以及对技术的认知了解程度、是否技术使用者等，都可能有不同的技术恐惧反应。人类作为技术主体，在获得技术福祉的同时，也不得不面对技术的负效应及其引发的技术恐惧。法国技术哲学家戈非指出，技术让人最难以接受的，是它令其使用者接受现实的惩罚。现代社会新兴技术层出不穷，技术使用者需要花费额外的时间去认知和接受，技术依赖也在某种程度上演变成技术恐惧。克尔凯郭尔针对人类主体抽象的公共概念，提出独一无二的个体概念，并提出在个体层面被挤压到一定程度而带来自我批评和恐惧时，个体会继续挣扎并摆脱恐惧，但越挣扎越恐惧[50]。个体的独特性也决定了技术恐惧具有显著的主体性差异，只有更好地认识和理解技术恐惧的主体性特征和相关影响因素，才能避免陷入对恐惧的恐惧这一恶性循环的怪圈，更有针对性的消解或降低技术恐惧程度，进而借助技术恐惧的积极启示，实现技术服务于人的目的性价值。

例如，自新冠疫情暴发以来，新冠病毒先后变异出德尔塔毒株和奥密克戎毒株及其亚型变异株等，未来还可能在此基础上产生新的变异病毒，疫情影响的范围和人群还可能继续增加。新冠疫苗技术是人类应对这场疫情的有效手段。疫苗是指在接种机体后，能使机体对特定疾病产生免疫力的生物制品的统称。疫苗接种是预防传染病最重要、最有效的手段，现在已有 20 余种新冠疫苗用于人类疾病预防，其中半数以上是病毒疫苗。全球有不同的疫苗研发技术路线在同步开展，分别是灭活疫苗、重组基因工程疫苗、腺病毒载体疫苗、流感病毒载体疫苗、核酸疫苗等。研究发现在人们接种新冠疫苗后，血液中的抗感染抗体水平显示他们已经获得了针对这种疾病的保护，并且即使人体只有少量有效的"中和抗体"，也表明疫苗可有效预防新冠病毒感染。[105] 牛津大学统计截至 2022 年 4 月 2 日的数据发现，全球累计报告接种新冠病毒疫苗 113 亿剂次，接种率接近 65%；中国累计报告接种新冠病毒疫苗超过 32 亿万剂次，接种率超过 90%，接种人群接近 13 亿人，证明新冠疫苗技术已经有非常庞大的使用者群体。

但是新冠疫苗技术研发上市以来一直有不同声音，其中不乏对该技术不确定性的担忧，包括对疫苗技术是否能够起到有效的预防作用，是否具有副作用，对该技术安全性、有效期等问题产生担忧，进而产生不信任、犹豫、推迟或拒绝新冠疫苗接种行为等，这都是一定程度的技术恐惧反应。目前主流的五种疫苗均存在一定优缺点，并且疫苗接种后会在很小概率上产生轻微不良反应，如局部疼痛、红肿、发热等[106]。需要注意的是，虽然不良反应是极个别案例，但这也严重影响受众对疫苗的态度。也有研究显示，随着世界范围内大规模疫苗接种的开展，不同人群整体新冠疫苗犹豫发生率为 31.1%—84.6%。中国泸州市一项对 700 余名重点人群的调查显示，疫苗犹豫发生率达 44.9%，这种差异与调查时机、国家地域、人群选择等均有关系。《柳叶刀》一项研究发现，影响接受、推迟或拒绝某些或所有疫苗决定的关键因素分为 3 类，即背景因素、个人和团体因素以及疫苗特定因素。拉尔森（Heidi Larson）调查了影响疫苗态度的社会、心理、政治、历史和文化因素，她认为，民众对政府和科学家的不信任有可能延伸到疫苗上，并造成真正的危机。华盛顿大学坦坎奇（Tankwanchi）教授等研究发现在许多移民家庭中，对疫苗犹豫不决主要与对疫苗危害的主体性恐惧反应等因素有关。此外，针对新冠疫苗还曾存在"反科学言论""反疫苗情绪"等一些错误信息甚至是阴谋论，也加重了大众疫苗犹豫，导致部分尚未接种人群继续抵制或拒绝接种疫苗，同时还可能会引起已经接种人群对技术未知不确定性或风险破坏性产生新担忧或形成新恐慌等，进而引起更多新冠疫苗技术恐惧。

因此，探讨公众对新冠疫苗技术负性态度及其心理行为反应的作用机制，理论意义上有助于丰富技术恐惧的相关研究，特别是医疗技术恐惧；现实意义上，特别是在新冠疫苗推广使用的时期，有利于新冠病毒感染健康治理，以促进全球抗击疫情的胜利。下文将以新冠病毒疫苗技术为例，从主体性视角进行技术恐惧分析，发现技术恐惧的主体差异性及影响因素。

1. 实证研究设计与样本概述

（1）实证研究设计

风险社会背景下，疫苗作为一种典型的医疗技术，在研发、使用等环节都存在技术未知不确定性和风险破坏性等，也必然会引起人类主体的负性态度和行为反应，即技术恐惧反应。从主体性看，此种技术恐惧是个体对自身或群体健康和生存安全的担忧[22]。技术恐惧作为人对技术负效应的反应，技术负效应集中体现在技术的风险破坏性和未知不确定性两个方面。结合新冠疫苗技术的主体性进行分析，发现第一个方面集中表现为人类对接种疫苗后的副作用担忧，第二个方面集中表现为接种疫苗的安全性和有效性担忧。参考何英霞、金姐和张明智所翻译的《儿童疫苗接种家长态度问卷》[23]，删除与技术负效应无关的题目，保留与技术负效应引发技术恐惧有关的三个题目，完成新冠疫苗技术恐惧调查自编问卷，通过对新冠疫苗技术的安全性、有效性和副作用的担忧程度进行 1—5 分的等级评分，以评估是否存在技术恐惧及其恐惧程度。

为进一步研究新冠疫苗技术恐惧的主体性特征，设计了关于年龄、性别、婚姻、居住地、职业等主体性相关的特征变量，以便对技术恐惧的主体差异性进行比较分析。假设是否接种疫苗对技术恐惧也具有显著影响，如果已经接种疫苗，对疫苗技术的负效应、安全性和有效性有了真实的体验和经历，有助于消解技术恐惧并降低技术恐惧程度。

（2）样本概述

2021 年 2 月 4 日至 3 月 1 日，使用在线调查平台"问卷星"向国内居民进行线上问卷调查，共回收问卷4786份。基于作答时间和作答质量进行无效问卷剔除，最后得到有效问卷为3847份，有效回收率80.38%。参与被试年龄为33.64±14.09岁。研究对象的样本概述如表6.1。

表6.1　新冠疫苗技术恐惧主体实证分析的样本概述

		人数	百分比
性别	男	1695	44.1
	女	2152	55.9
婚姻	已婚	2209	57.4
	未婚	1489	38.7
	离异	149	3.9
居住地	城市	1867	48.5
	乡村	1980	51.5
职业	医护人员	869	22.6
	教师	475	12.3
	学生	1042	27.1
	公务员	321	8.3
	其他	1140	29.6
接种状态	已接种	1587	41.3
	未接种	2259	58.7

2. 新冠疫苗技术恐惧的主体性特征分析

（1）新冠疫苗技术恐惧广泛存在，但主体性恐惧水平不高

对新冠疫苗技术副作用的担忧调查结果显示，47.5%的人表示有点担忧或非常担忧；对疫苗安全性担忧调查结果显

示，39.2%的调查对象表示有点担忧或非常担忧；对疫苗技术有效性的担忧调查发现，有点担忧或非常担忧的比例为34.3%。

以上实证数据可以发现，技术恐惧作为对技术风险破坏性和未知不确定性的反应，是真实客观的存在，对新冠疫苗技术有效性、安全性和副作用的反应形成的主体性技术恐惧发生率在34.3%—47.5%，是一种广泛性的存在，尤其是对疫苗副作用担忧的人群相比于不担忧人群（41.0%）高出了6.5个百分点。但是，如果以1—5分评分的中间值3分作为参照值进行比较分析，我们发现副作用、安全性和有效性的担忧得分的平均分并未超过参照值，所以新冠疫苗技术恐惧的总体水平不高。

表 6.2　新冠疫苗技术恐惧主体的恐惧总体水平

变量	程度	人数	百分比	平均数	标准差
副作用担忧				2.98	1.257
	完全不担心	603	15.7		
	不是很担心	973	25.3		
	不确定	443	11.5		
	有点担心	1539	40.0		
	非常担心	287	7.5		
安全性担忧				2.76	1.237
	完全不担心	737	19.2		
	不是很担心	1113	28.9		
	不确定	489	12.7		
	有点担心	1331	34.6		

续表

变量	程度	人数	百分比	平均数	标准差
	非常担心	175	4.6		
有效性担忧				2.71	1.192
	完全不担心	728	18.9		
	不是很担心	1129	29.4		
	不确定	669	17.4		
	有点担心	1176	30.6		
	非常担心	143	3.7		

　　新冠疫苗技术恐惧的广泛存在，既是对该技术客体的负效应的反应，也是人作为主体的担忧和恐惧的外化体现。在新冠疫情流行时，世界卫生组织总干事谭德塞曾多次强调，这是一个需要事实而不是恐惧的时刻，病毒固然可怕，但比病毒更可怕的是谣言和恐慌。新冠疫苗技术固然有风险性和副作用，但是比技术自身的副作用影响更大的是人类对该技术认知局限导致的对技术未知不确定性的恐惧，是人类面对疫情危机时的内在心理焦虑和恐惧的外化投射，这种外化投射与具体的新冠疫苗技术相结合的过程，可能是新冠疫苗技术恐惧形成的主体性原因。

　　（2）新冠疫苗技术副作用担忧高于安全性担忧和有效性担忧

　　实证研究数据的进一步分析发现，对新冠疫苗技术副作用的担忧调查结果显示，47.5%的人表示有点担心或非常担忧；对疫苗安全性担忧调查结果显示，39.2%的调查对象表示有点担心或非常担心；对疫苗技术有效性的担忧调查发现，有点担忧或非常担忧的比例达到 34.3%。分析发现技术副作用担忧程度（2.98±1.257）高于对技术安全性和有效性的担忧程度，对疫苗副作用担忧的人群（47.5%）相比于不担忧人群（41.0%）比例高出 6.5 个百分点。

根据中国疾控中心统计数据，在 2020 年 12 月 15 日至 2021 年 4 月 30 日期间的新冠疫苗不良反应报告中，一般反应 26078 例，其中高热（≥38.6℃）2722 例、红肿（直径≥2.6 厘米）675 例、硬结（直径≥2.6 厘米）304 例；异常反应 5356 例，其中报告前 3 位的反应分别为过敏性皮疹 3920 例、血管性水肿 107 例、急性严重过敏反应 75 例；在异常反应中，严重病例 188 例，报告发生率为 0.07/10 万剂次。以上副作用的具体表现会直接刺激人们对新冠疫苗技术的副作用担忧，进而引起对安全性和有效性的担忧。所以副作用担忧是疫苗接种后短期内最直接的技术恐惧表现，是新冠疫苗技术负效应的直接反应，其程度最高。而技术安全性和有效性的担忧，是一个需要相对较长时间检验的过程，在这个时间缓冲的过程中，其恐惧程度也得到一定的缓解，所以程度低于副作用担忧。这说明技术恐惧的主要内容聚焦在副作用担忧的维度上，消解或降低技术恐惧的重点需要从副作用担忧突破，一方面通过技术升级降低副作用本身，另一方面通过提升人们对副作用的科学认知和理性接纳，从而避免过度或过多的技术恐惧。

（3）新冠疫苗技术恐惧在性别、居住地、婚姻、职业等主体性特征上具有显著差异

分析发现，新冠疫苗技术副作用担忧、安全性担忧和有

效性担忧的技术恐惧主体性差异具有一致性，在主体性别、居住地、婚姻、职业等主体性特征上具有显著差异。

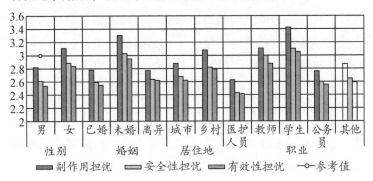

图 6.1 技术恐惧主体差异性比较分析

第一，女性的新冠疫苗技术恐惧显著高于男性。这可能因为现代社会中男性的力量总体上比女性更强，安全感也相对更高，技术副作用的反应相对难以集中反应在男性群体，所以即使面对新冠疫苗这一新兴技术的副作用、安全性或有效性等不确定性时，男性的理性判断和决策受到的恐惧情绪冲击和影响低于女性。于是，新冠疫苗技术的副作用等技术负效应更多体现在人类主体中相对处于弱势的女性人群，女性群体成为新冠疫苗技术负效应影响的主要对象，其技术恐惧程度也显著高于男性。此外，年轻女性对疫苗犹豫不决可能与对生殖健康和母乳喂养的额外关注有关[24]。这也告诉我们技术恐惧消解的重点对象，应该放在女性人群，给予特定人群更多的支持和力量来应对副作用担忧，通过文化心理干预提高其心理安全感，降低和减少人们的安全性担忧等，可能有助于降低技术恐惧程度。

第二，未婚人群的新冠疫苗技术恐惧显著高于已婚或离异人群。这可能是因为人与技术关系中主体社会经验的差异性和社会能力的适应性所致。婚姻与否是社会化过程的重要内容，也是社会适应的能力体现之一。已婚或者离异，都证明他们经历过婚姻阶段，接受了对婚姻的适应性过程，尽管最后结果可能是离异，但是对于个体适应能力本身是有帮助的。反之，无论什么原因，未婚人群缺少婚姻这一适应性过程的锻炼，也无法把适应性能力迁移到对新技术的是适应过程中去，对适应性焦虑及其引发的技术恐惧的应对能力相对薄弱一些。未婚群体更多是独立的，或者孤独感更强一些，导致其对技术的认知和体验中，没有受到婚姻关系或家庭关系中其他成员对技术认知的调节，所以更容易出现技术恐惧。此外，社会上对疫苗是否会影响生育的讨论，在未婚人群中引起的反应可能比其他人群更加强烈，类似的社会焦点议题可能引发未婚人群更高的新冠疫苗技术恐惧。因此，未婚人群也是技术恐惧消解或降低的重点对象，通过增加生活阅历和适应性，增加社会支持，消除孤独感，同时更加科学理性地对待社会性议题和主体自身的关系，避免过度反应，可能有助于人们消解技术恐惧。

第三，乡村居民的技术恐惧显著高于城市居民。这可能是因为城市居民的人口密度更高，人与人的物理空间距离更近，对疫情感染风险的认知更高，进而对新冠疫苗技术的需求更加强烈和直接，抵消了一部分对新冠疫苗技术负效应的反应，加上城市更强烈的共同体对风险共担的可能性更高，也导致对技术恐惧的分担从而降低了恐惧、焦虑和负性态度。更重要的是，城市社区有更多更丰富的资源实现大众对该技术的认识了解，增加了技术的透明度，也有助于降低技术恐惧。此外，经济地位对人们的风险感知具有显著影响，城市居民的经济水平和地位相对高于乡村[25]，对疫苗技术的风险感知也就相对低于乡村居民。所以，进一步加大技术的科普宣传，增加公众对技术的了解，并借助城市化带来的经济社会发展进步等积极因素，技术恐惧是可以得到一定程度消解的。

第四，教师和学生人群的技术恐惧显著高于公务员、医护人员和其他人群。医护人员对该技术的恐惧程度最低，是因为他们同属于该技术研发的共同体，也更多地了解该技术的原理，技术信息的透明度更高，所以在技术研发共同体这一主体背景下消解了技术安全性的焦虑和恐惧。相反，对于学生（含大中小学生）而言，本身有着独立的意识，但是对新冠疫苗技术负效应的了解渠道不多，真实度无法得到佐证，在对技术未知的或不透明的相关信息进行主体性认知加工时，基于人类自身对新事物风险警觉本能的影响下，可能放大技术的负效应，形成过多的技术恐惧反应。而公务员人群因为作为政府疫情管理体制的一部分，基于身份的主观认知让他们不会做出过度恐惧的反应，不会有太多的新冠疫苗技术负性态度。教师更倾向于传统的知识观[26]，所以对新冠疫苗这一新兴技术的担忧高于医护、公务员等人群；而相对于学生而言，他们具有更多理智性和更强的判断力，所以技术恐惧程度低于学生。另一方面，因为医护人员是新冠疫苗技术体系的组成部分，公务员也是成为推广疫苗技术的系统力量之一，他们对疫苗技术的认知和情感卷入是全方位和立体化的，形成了更加稳定的技术认知态度。所以，这同样启示我们，对新冠疫苗技术更多的认知和情感卷入，可能有助于更加全面系统的认识了解新冠疫苗，从而有助于消解其负效应引发的新冠疫苗技术恐惧。

此外，新冠疫苗技术的副作用担忧在女性、未婚人群、乡村居民、教师和学生等对象人群的分值较高，说明其在这些重点人群身上引发的技术恐惧水平较高。新冠疫苗技术安全性担忧在未婚、教师和学生群体中也超过了参考值3分，学生对新冠疫苗技术有效性的担忧水平也超过3分，相应的技术恐惧程度也处于较高水平。由此可见，技术恐惧水平较高群体的主体性特征是乡村、女性和未婚，这是技术恐惧消解或降低的重点对象。同时从主体性职业特征看，教师和学生人群的技术恐惧水平相对更高，因此也成为重点对象。英国厄普霍夫等人的研究发现，女性、单身、年龄较小等因素可能都是疫情下心理健康的风险性因素[27]，这与前人研究具有一致性。

（3）新冠疫苗技术恐惧疫苗接种状态的显著影响

通过对已接种和未接种人群的比较分析发现，未接种人群对新冠疫苗技术副作用、安全性和有效性的担忧，都显著高于已接种人群。同时未接种人群因技术副作用和安全性担忧得分超过参照值3分，由此引发的技术恐惧水平较高。

主体是否接种新冠疫苗，是否成为该技术的直接用户，也可以影响技术恐惧程度的高低。一方面因为完成疫苗接种行为后对技术副作用的实际体验感受并没有疫苗接种前所担心的那么严重，一定程度消解了技术恐惧。此外，已经接种人员实现了技术与人的合二为一的整体性过程，为更好地实现认知协调，避免更加强烈的恐惧和焦虑等情绪冲突，他们对新冠疫苗技术的安全性和有效性担忧也显著低于未接种人群。如果主体尚未接种，只能算是潜在的技术用户人群，因为尚未与该技术成为一体，所以主体人与外在技术还是一个二元对立和分离的状态，因而产生的负性态度就会更多一些，技术恐惧程度更重一些。

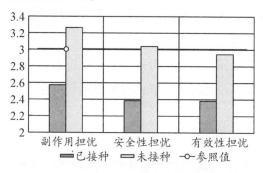

图 6.2 技术恐惧主体的接种情况与恐惧水平

3. 技术恐惧主体性实证分析的结论

尽管新冠疫苗技术作为新兴技术，还具有不确定性或风险性，因此对于该技术负效应的恐惧也还会长期存在，但是新冠疫苗技术在防治新冠疫情中还是发挥了巨大作用，所以该技术在开发、应用、推广取得不断进步的过程中，新冠疫苗技术恐惧得到了较大程度的消解，并且为该技术的不断完善和进一步创新提供了新的动力和方向。技术恐惧的主体性实证研究结果，有助于更好地认识技术恐惧的主体性规律，在技术恐惧的积极启示下，避免因为技术恐惧导致对新冠疫苗技术的抵制或拒绝而影响新冠疫情防治工作。以新冠疫苗技术恐惧为例，基于调查范围、调查问题和数据统计等新冠疫苗技术恐惧的实证研究，发现在技术恐惧受到主体的性别、职业、婚姻、居住地、是否接种疫苗等方面的影响，与前人研究相似[104]，主体性特征的主要研究发现如下：

①主体对技术副作用担忧程度高于对安全性和有效性的担忧。

②女性、未婚、乡村、教师和学生是技术恐惧高发的主体性特征关键词。

③疫情暴露程度和是否接种状态对技术恐惧程度有显著影响，未完成疫苗接种人群的技术恐惧程度也显著高于已接种人群。

世界卫生组织报道全球已接种了超过 55 亿剂次新冠疫苗[108]，中国、印度和美国是接种人次最多的国家，阿联酋、乌拉圭和以色列是接种比例最高的国家。全球疫苗覆盖率依然非常不均，虽然全球平均每百人接种 52 剂，但是高收入国家平均每百人接种 97 剂疫苗，而低收入国家仅为每百人 1.6 剂。根据中华人民共和国国家卫生健康委员会的统计数据，中国累计报告接种新冠病毒疫苗超过 21 亿剂次。[109] 2021 年上半年，中国出口超 5 亿剂新冠疫苗和原液已抵达全球 112 个国家和地区，并通过与发展中国家开展疫苗合作生产，帮助阿联酋、埃及、印度尼西亚、巴西分别成为本地区首个拥有新冠疫苗生产能力的国家。不能否认新冠疫苗技术的不断创新突破和服务于人类抗击疫情的目的，与此同时，了解技术恐惧的人口学差异及其影响因素的实证研究结果，也能够更好地认识技术恐惧的规律，在技术恐惧的积极启示下，避免因为技术恐惧导致对新冠疫苗技术的拒绝。

二、技术恐惧的主体性解析

斯蒂格勒（Bernard Stiegler）引用埃比米修斯之过导致人类一无所有，提出人天生是一种缺陷存在，人在自然生存有求于外物，技术工具的补充才使人变得完美。[10] 所以人是一种技术的存在，人性因技术而生成，技术丰富着人之为人的主体性。根据马克思的唯物论和人类进化观点，制造和使用工具的技术，使得人最终区别于一般动物。芒福德更是认为人类最早的技术是自我控制技术，应对人与自然交互之中产生的焦虑和内在心理危机，所以人类起源于技术。从人的发展看，技术强化人，技术的发展进步增强人类的能力；技术武装人，增强人类主体力量；技术把人类改造客观世界的能力催化到极致，并且驱动人类各种需求和欲望的增长，从而在自然面前显示出越来越多的自由人性。埃吕尔认为，技术是一切人类活动领域中通过理性得到的具有绝对有效性的各种方法的整体[110]，这揭示了技术作为人的一部分，无论是人体器官的延长还是人类本质力量外化，人都成了一种技术存在，人类进化史也就是一部技术进化史。人类体质不如猛兽强壮，情感和心理可能反复无常，表明人类天然结构和功能的不完美，呼唤和孕育着技术成为做出改变的力量和手段，对人的自然属性和社会属性进行改造和优化。技术一定程度上促进了人性发展，弥补了人性的缺失，有助于人类的发展进步，但是技术同时又把人类的缺陷暴露无遗，不可避免地带来因为自身不足而产生的对外在的技术恐惧。与此同时，技术与人的对立性决定了技术与人具有矛盾冲突，技术与人分别有着各自的规律性，当技术与人的发展不同步的时候，就会演绎成技术对人的背离，甚至带来技术的破坏性、伤害性、不确定性和未知性等负面效应，形成主体性的技术恐惧。

（一）人类主体的自然属性遭遇技术冲击

人是自然的一部分，自然属性是人类存在的基础，没有了人类自然属性的存在，也就没有社会属性的存在。人类自然属性是其他一切存在的基础和前提。但是技术强化了人类能力尤其是人的社会性一面，突出了人与自然的区别，强调人类的非自然属性，甚至通过对自然的改造进入到人类世，不惜以破坏自然为代价，迷失了人类的自然本性。技术作为人类器官的延长，或者对人类缺陷的弥补，都强调了技术对人体某些功能的增强，但是为此付出的代价或成本却往往被忽略，那就是用进废退，可能某些被技术替代的自然功能面临着退化或萎缩的功能。人类自然基因通过进化具有的强大的生存功能中，蕴含着自我修复和自我发展的能力，就像大自然的自我修复和疗愈一样。但是技术不断加速及强化人类能力和功能的过程中，反倒可能导致欲速则不达，根本上破坏人类自然属性这一基础性的存在和前提。比如基因编辑技术，固然可以在已知前提下消除自然基因中的某些风险，但是如果用基因编辑技术修改自然基因，很可能导致某些基因的功能退化，这种不可逆的自然风险则可能导致人类未来丧失自我修复和自组织疗愈等自然系统的功能，最终给人类的生存发展带来难以挽回的损失。

人的自然属性及其缺陷性存在，决定了人类是脆弱的，在强大的自然和技术面前显得不堪一击，不仅表现为生理上的紧张，也表现为情绪上的恐惧、认知上的警觉和行为上的回避逃跑。在现代技术社会背景下，这些反应形成一个整体性的技术恐惧，通过生理、情绪、认知和行为等多方面的自然人的反应表现出来，影响人们的正常生活。但是与此同时，正是因为技术恐惧带来的人对技术的负性反应，所以人类选择远离技术、回避技术和拒绝技术的时候，也就是对人类自身脆弱性的保护，是人类自身选择对技术伤害或破坏等风险的远离，这就实现了对人类自身更好的保护功能，让个体远离危机，预防风险，保护人类免遭伤害，从而为人类自身更好的主体性成长奠定基础。

人的客观实在性作为自然属性的表现，在技术的中介性和虚拟性冲击下也面临着不复存在的危机，进而引起了技术恐惧。人是一切社会关系的综合，社会关系以社会交往为基础，社会交往行为是一种客观具体的生物性行为，也是自然属性的表现。以技术为中介的人际交往关系，失去了现实实践性的直接过程，中介的技术过于强大以至于把中介过程不断放大和延长，让人类现实性层面的人际交互难以发生，原本人与人的交流，变成了人与技术中介的交流，以至于失去了现实存在的人际交往对象，人际关系失真，导致在虚拟的技术空间和中介环境沉迷而无法自拔。当人们形成适应性习惯的时候，人类已经被技术改造和异化，不愿意甚至没有能力面对现实性存在，出现对人类现实性存在的回避，进而导致人类现实性交往能力的退化或缺失，人际关系失真，丧失了人类对真实、朴素的人际关系和自然现实性的追求。

（二）人类主体的社会属性遭遇技术背离

技术背离人的自由价值带来主体性技术恐惧。人类借助技术打破了自然的束缚，可同时又给自己套上了技术的枷锁。[10] 技术发展原本只是服务于人的手段或中介，但是当技术越来越强大的时候，人类对技术追求的过程本身成了目的，技术成为一个自主性的、外在于人和独立于人的存在，并且反过来要求人类进入技术的逻辑思维过程，然后才能使用技术[10]，否则就会出现技术拒绝人类的情况。所以技术事实上限制了人的自由，技术越发达越强大，人类的自由损失越惨重。原本以服务于人类生存和安全的目的性价值驱动的技术发展动力，逐渐被纯粹的没有好奇心、求知欲驱动，而后者很多时候仅仅是人类内在焦虑和恐惧的表达，或者是人类原始欲望的释放，并不一定是真正服务于人类生存和安全等基本机制和目的作为导向的技术发展方向，以至于某些技术将可能导引人类走向未知的风险。当技术占据支配性地位且没有目标和方向性的时候，原本人类支配和控制技术，可能就异化为技术对人的控制和支配。比如对网络的沉迷，对汽车的依赖，对电视的迷恋，对技术的迷信，对虚拟世界的幻想等，在物质技术支配下，人类丧失了自我，丧失了自由的本性。由此产生不可遏止的技术恐惧，并且其在对恐惧的恐惧中不断被放大。

技术是对人独立个性的抹杀，也是对人的自由价值的挑战，带来的是主体性技术恐惧。现代社会人类进化和发展，对独立个性有着更加强烈的需求。但是技术本质上是一套普适性的规范，并不因为个体的差异性而改变。所以技术要求的合规性和标准统一，必定会带来对独立性和个性的忽略。人类为了能够享受技术的福利，也不得不放弃自己独立性和个性的部分，从而消解了主体的独立个性，完成从个性到共性的转化过程。趋同化和去个性化的现代技术体系，抹杀了个性化和差异性的存在，忽略了多样性、丰富性、变化性、创造性的尊重，将人类窒息在技术共性标准的枷锁之下。

技术背离人的道德本心带来主体性技术恐惧。技术背离了人类对真善美的本质性追求。技术增加了环节和过程，变得更加负责和不可控，以至于真善美因为技术的外衣和掩饰，让人类在追求过程中无法清晰地看到真善美，无法获得精神自由，过于强化物性的技术手段和中介，疏远了真善美和自由公平等道德价值，迷失在动态的不公平、不自由的过程中。

尽管技术背离了人类的社会属性，但是这种背离引发的技术恐惧却开始消解技术对人的背离，尤其是通过刺激人类韧性成长的方式来实现。当我们站在技术恐惧的价值视角进行解析的时候，我们也能够发现，人类的自由、独立和道德价值并非绝对的存在，也正是在技术恐惧的威胁下，人类的韧性品质等才获得了新的发展和成长。人类的自由不是不受约束的绝对化，恰恰是技术恐惧的约束，让人类反思人类自由的边界，在自由丧失和被约束等过程中更加珍惜和重视自由价值，获得人类韧性的成长和发展。

技术恐惧本质上是人与技术关系的一种调适过程，一方面调适技术的客体性，另一方面调适人的主体性，必定会在一定程度上保护人类并刺激人类新的成长和发展。人类的主体性决定了人类自身是具有这种潜在的成长可能性的，尤其是在应对危机和风险的时候，呈现出一种"遇强则强"的人类主体性潜能激活的新能力，在技术恐惧的刺激下可以进一步释放这种能力，让人类在人与技术的关系中保持更好的主体性，获得更多的人类发展进步，进而消解技术恐惧的负效应，积极主动地利用技术恐惧刺激人类韧性成长。

诺贝尔文学奖得主莫言认为，当前人类最大危机是日益膨胀的贪婪和日益先进的科学技术的结合。人类具有贪婪的本性，科学技术的发展偏离了为人们的健康需求提供服务的正常路径，少数人的利益驱使科学技术疯狂发展，以满足他们的病态需求。[111] 莫言认为，在空调发明之前，死于高温的人并不比现在多；在电灯发明之前，近视的程度远远低于现在；在没有电视的年代，人们的业余生活并不匮乏；有了互联网，信息在人们头脑中储存记忆得更少了；在互联网出现之前，傻瓜似乎比现在少。[112] 人类正在面临新的危机，就是因为资本和权力驱动下，科学技术不知不觉使人类生活失去了许多兴趣，进入了一种病痛发展。[113] 正是因为有这些危机，所以莫言认为文学承担了恐惧唤醒的使命，犹如牛虻，刺激人们批判性的思考，拯救人性，预防危机，摆脱欲望的控制，带领人类走向安全、自由、幸福和希望。

人类主体是具有韧性的社会性存在。尽管人类的社会性遭遇技术的背离，但是在人与技术的交互关系中，人类自身的社会属性在不断地增长变化，在技术恐惧的影响下，人类获得了越来越多的对恐惧的免疫力，能够承载和承担更多的技术恐惧的负性刺激，进而通过这些负性刺激进行反思和成长，获得人类韧性的提升，更好地应对未来的技术风险与危机。这个意义上，技术恐惧是对技术和人类关系的约束，一方面会让人类陷入恐惧困境之中，另一方面也有其积极的意义。正因为技术恐惧犹如牛虻，刺激了人类对技术的批判性思考，从而在技术负效应的反方向上积极行动，通过完善技术和消解风险，实现技术危机预防，并且借助技术进步带来的人类能力增长，在更大程度上突破人类原有的认知局限和身体缺陷，获得人与自然交互过程中更大的自由和解放。

（三）"人类世"时代的技术恐惧不断增多

人类是自然世界的组成部分，也是人类社会的微观单元。随着人类社会的技术活动越来越丰富，对自然的环境、空气、土壤、动植物等影响也越来越大，世界的自然性不再像以往一样自然发展，而是受到了人类和技术整合力量的支配，进入了不一样的新时代。如何界定这样的新时代呢？

诺贝尔化学奖得主保罗·克鲁岑（Paul Jozef Crutzen）认为，地球已经告别了开始于一万多年前的地质时代，人类人口的快速增长和经济的发展带给全球环境无比巨大的影响，在地球上，人类活动带来的改变足以创造一个新的地质时代，因此他提出了"人类世"的概念。[114] 英国地质学家萨拉斯维奇（Jan Zalasiewicz）教授等人于 2008 年提出了一项建议，认为地球已进入"人类世"。[115] 2011 年，多名诺贝尔奖得主建议将人类目前的地质年代改为"人类世"并作为一项提案提交到了联合国。

在《人类世的冒险》一书中，盖亚·文斯（Gaia Vince）则认为，人类世应自二战结束开始。他以"全新世"和"人类世"的对比，强调了过去 70 年里地球发生的巨大变化。[114] 基于广泛的研究和丰富的数据，盖亚·文斯非常乐观地认为，"人类世"可能会成为一个气候变化更加细微的时代，在这个时代，气温和降水都可以根据人类的需要调节，天气可以计划，前景十分广阔。保罗·韦普纳（Paul Wepner）认为，从过去的经验来看，人类已经渗透到地球上的每一个生态位。[116] 再也没人能说清楚，自然环境和人类世界的界限在哪里，这就是"人类世"时代的典型特征。这个时代，人类负有更大的主体性责任，关注自然，关注生命，关注人类未来在地球上生存的可能性，关注人们对自然的强烈意志的责任。[16]

"人类世"时代的人类欲望被技术进步无休止地放大，尽管看起来人类更加幸福，但是事实上人类的自杀危机却不断增加，死亡恐惧有增无减。英国哲学家边沁（Jeremy Bentham）相信至善是"给大多数人带来最大的幸福"，并认为国家、市场和科学界唯一值得追求的目标是改善全球幸福。[117] 然而，在秘鲁、危地马拉等贫穷国家，自杀率约为十万分之一。即便在瑞士、法国、日本等富裕和平的国家，自杀率也增加了25倍。从时间线索进行纵向比较，韩国的自杀率也逐年增高。为何看似幸福的时代自杀的比例却越来越高？在技术发达的现代，死本能背后一定伴随着与时代技术相关的技术恐惧。

在石器时代，一个人平均每天消耗4000卡路里热量，完成寻找食物的同时，他们还必须准备工具、衣服、艺术品和篝火。如今，美国人平均每天消耗22.8万卡路里，这不仅能填饱他们的肚子，还能供应他们的汽车、电脑、冰箱和电视等。这样看来，人类的平均热量消耗是石器时代狩猎采集者的近60倍，但是人类的幸福会增加60倍吗？答案是否定的。此外，减轻痛苦似乎比获得幸福更容易，对于吃不饱穿不暖的中世纪农民来说，只要给他一块面包，就会让他获得幸福感。但面对当代一个时间空闲、薪水较高、体重超标的工程师，如何增加他的幸福感却会让人束手无策。

人类技术的不断进步，以及不断增加的人口数量，共同翻开了生命史诗中最具破坏性的一页。从工业革命开始，人类活动的影响已经大大超过了自然变化的影响，并将在未来几万年内持续下去。科学和技术的不断发展，又让人们对世界了解得更加深入，对疾病的应对能力越来越强，对自己的给养条件越来越好，人类的总数也因此开始爆炸性地增长。如此，人类的文化创造力又开始以各种方式提升人们的知识和技术。

虽然近几十年来人类的客观生活水平提高了，有了更多的欲望和更大的期待，但是如果不做出改变，不管将来取得了什么成就，人们可能仍然会像以前一样。更多的期待是一种欲望，而不是真正的主体性需求。所以如果不能控制自己主体性的欲望，人们在事实上仍然会成为欲望的奴隶，被欲望所控制。反之，要想真正提高生活质量和幸福感，人们就需要平衡审视自己的欲望。当人们有欲望和期待，人们就会同时有选择回避痛苦。在整体论和平衡论视角下，人们将会真正地获得持续的幸福和快乐。从生理层面来看，期望和幸福实际上是由人类的生化机制控制的，而不是由经济、社会和政治条件控制的。伊壁鸠鲁认为，人们之所以快乐，是因为他们感到快乐，而不是不快乐。[119] 边沁也认为自然允许人类被两个东西控制：幸福和痛苦；人们做什么、说什么、想什么，都是由这两种东西决定的。约翰·穆勒继承了边沁的思想观点，他解释说幸福只是快乐而不是痛苦，除了快乐和痛苦，善与恶之间没有区别。[120]

"人类世"不仅仅包括对人类作为自然物的改造，还有对赛博格主体进行概念化、能指化和话语化的过程，甚至某种程度上人类主体扮演了神的角色来改造整个世界，包括人类本身。[121] 人类所处的世界，最初是以自然物为中心的一种客体至上论，在人与物这一对主客体关系中指向客体一极, 人作为主体虽然存在, 但是改变自然和客观外在世界的力量比较弱小, 所以早期处在边缘的位置。现代社会, 人作为主体的价值越来越受到关注, 人们在对过去的反思与未来的展望过程中, 逐渐由外而内, 从边缘走向中心。未来技术主体的地位是在中心还是边缘呢? 人作为主体, 在技术中介的辅助下, 力量不断增强, 主体性已越来越受到重视, 逐渐内移, 成为未来发展的核心资源。可见, 在技术发达的现代化进程中, 人之主体是逐渐从边缘走向中心, 成为发展的出发点与终极归宿, 形成所谓的超级主体, 进而开启人类世的发展进步, 同时也承受人类世可能的对自然物极大破坏的风险。这个意义上, 人类世时代也必定带来技术恐惧的不断增加。

斯蒂格勒认为, 技术是人类的人工存在, 嵌入人类生活, 我们应该与工业资本主义发展而来的"人类世"技术时代做斗争。[121] 人类不可避免地进入了"人类世"技术时代, "人类世"哲学也越来越强调人类存在的重要性,[116] "人类世"文明意味着巨大的技术变革, 一方面是自然文明及人类精神表达体系的衰落, 另一方面是技术统治和支配时代新文明的形成。人类已经离不开技术, 技术文明程度越高, 技术恐惧发生的频率也会随之增加, 人类就是在这种新的文明中学会恐惧, 与恐惧为伍, 带着恐惧前行, 并最终在恐惧中成长, 才能实现恐惧的消解, 最终走向更加文明的"人类世"时代。[122]

综上所述, 技术恐惧的主体性分析回答了"谁在恐惧"

的核心问题。技术设计者、开发者以及幸存者都有不同的技术恐惧，以新冠疫苗技术恐惧为例的实证研究发现了技术恐惧的主体性特征，进而从人类主体的自然属性和社会属性探析了技术恐惧的主体性本质，预测了"人类世"时代的技术恐惧不断增强的未来趋势。

第七章

"恐惧如何表达":
技术恐惧的中国文化解析

最让我恐惧的，就是恐惧本身。

——〔法〕米歇尔·德·蒙田

技术恐惧不仅是一种心理现象，也是一种社会文化现象，是当代技术社会的一种存在样态。[18] 现代技术渗透到文化的各个领域，文化深受现代技术建构和支配。海德格尔和埃吕尔指出了现代技术与传统技术的本质区别，揭示了技术与文化关系的历史性转变。海德格尔认为，现代技术的本质深深地铭刻在人的文化创造上，所以文化具有了现代技术的特征，文化的本质是技术本质。[123] 埃吕尔认为技术会彻底打破传统文化的原有结构，使传统文化发生动摇、改变，甚至面临没落的危机。波斯曼提出了技术的破坏因子深深地潜伏在文化之中，于无形中渐渐地消解传统文化，形成了三种技术文化，即工具使用文化、技术统治文化和技术垄断文化。[124] 芒福德从人文主义、历史主义和整体主义三个方面具体分析了技术与文化关系的转变是如何形成的[12]，斯蒂格勒从根本上揭示了技术具有的文化重构力量[125]。

技术恐惧作为一种社会文化现象，是当代技术社会的一种存在样态。技术不仅以物质手段满足和丰富着人类的物质和精神生活，还以一种文化存在影响着人们的心理和行为，所以技术恐惧便是技术文化催生和孵化的，并伴随人类技术生活。技术恐惧作为人对技术负效应的反应，其实就是人类的主体性与技术的客体性的交互作用过程，这一交互过程不是在真空中发生，而是与主客体所处的历史文化阶段和背景密切相关。所以在从主体性和客体性进行技术恐惧解析之后，本章以中国文化为例，进行技术恐惧文化性的深入分析，需要充分认识中国古代文化中的敬畏和谦卑，近现代文化中的自卑自负，以及现当代的文化自信等不同阶段的技术恐惧表现，从而更加全面深入地认识和理解技术恐惧。

一、敬畏和谦卑是古代中国技术恐惧的基础

敬畏是人类面对外部环境或他人时主动的尊重，是知识、情感、意义交融互动的一种主动心态。谦卑意味着谦虚，而不是傲慢，承认自己的卑微和无知。[126] 与自然相处千年的智慧告诉人们，只有敬畏和谦卑，才能重建人与自然的和谐关系。对自然的敬畏和人类保持自身的谦卑是一个连续的整体，也是人类数千年生存发展形成的重要的文明准则。

朴素的敬畏和谦卑思想构成了技术恐惧的文化心理基础。中国古代文明中的钻木取火技术本质上是一种防御技术。[69]作为一种防御技术，它可以帮助人类获得光和热来抵御黑暗和寒冷，抵御野兽的入侵威胁。但是火也可以作为一种攻击性技术，它还可以通过火力攻击和引火的方式帮助人类获得更多的食物。所以自古以来，中国一直保持着对火的朴素的技术恐惧——敬畏和谦卑。《韩非子》中有关于"焚林而田，偷取多兽，后必无兽"的描述，《淮南子》中有关于"不涸泽而渔，不焚林而猎"的描述，其都强调"焚"这种控制火的技术不可滥用。这是人类技术恐惧的显著表现，也与天人合一的中华文明内涵相一致。[69]

虽然中国古代文明和技术处于领先地位，但基于谦卑和

敬畏的技术恐惧思想一直贯穿其中。[126] 以火药、指南针、造纸术、印刷术为代表的四大发明是中国古代技术文明领先的主要标志。以火药为例，中国最早的火药发明源于炼丹术，被视为医学内容，《本草纲目》中提到火药可以治疗疥疮、癣，又可以杀虫、祛湿、控制瘟疫，证明火药起源于中国文化中的生命技术。约在 10 世纪，火药配方传入兵家之手，再转化为死亡技术，用于战争中的纵火、爆炸、发射火箭火炮等。指南针的发明和中国明代郑和七下西洋，都不是以征服或殖民统治为目的，也没有以技术的死亡成分伤害他人、自然或社会。这证明了中国在技术发展过程中，非常注重技术为人民服务的目的性价值。[89] 技术不仅是技术本身的力量和征服自然或他人的力量，也是技术对人的异化或增加人类风险的力量。其根本原因是中国文化中的敬畏和谦卑对技术的负面效应有一定的文化心理约束[1]，为技术恐惧奠定了文化心理基础。

纵观中国古代技术发展史，伴随技术发展而来的对技术的恐惧，不仅没有造成人与技术的对抗与冲突，反而通过克制与约束促进了人与技术的和谐共处，这与中国传统文化中人与自然的关系，尤其是对自然的谦卑、敬畏的文化心理基础密切相关。通过强调人与技术的统一，技术在互动关系中更好地服务于人的最终目的，并不是西方主客二元分离哲学主导的人与技术的分裂对立关系，这在很大程度上避免了技术恶的风险和问题。《论语》中"君子和而不同，小人同而不和"，指出了中国传统文化中蕴含的整体主流文化价值差异；《论语》中"礼之用，和为贵"强调的是整体性；《礼记》中"万物并育而不相害，道并行而不相悖"强调整体的和合之道。儒家认为，天、地、人和万物是和谐的，天人合一思想与修齐治平的哲学也是一致的，即不是通过外力的征服，而是通过内圣而外王的方式实现人与技术的统一性，是为了修齐治平和致良知而格物，强调了技术服务于人的目的性[1]。这个意义上，基于敬畏和谦卑等中国文化基础，朴素的技术恐惧思想得以形成，并很好地预防了技术的负面影响和消极作用。

二、自负和自卑交互作用形成 近代中国技术恐惧文化独特性

16世纪以来，中国科学技术就开始落后于西方，直到1840年的鸦片战争标志着西方炮舰敲开国门，打破了中国人几千年的文化自主权，摧毁了"天朝上国"的虚幻梦想，枪炮加上蒸汽机、铁路等先进工业技术，带给中国巨大的双重技术恐惧——既是对技术本身负面效应的恐惧，也是对西方以先进技术带来的压迫和威胁的恐惧。自此以后，技术恐惧贯穿于技术落后的整个阶段：义和团反对洋枪洋炮，太平天国运动昙花一现，洋务运动以失败告终，甲午战争失败，戊戌变法夭折，辛亥革命成功但是革命果实被篡夺……技术负效应带来的危机和恐惧也不断滋生，一次次的失败导致文化

自卑不断加深。此后历经波折，直到 1949 年新中国成立，但是在技术发展道路上，技术自卑又形成了技术恐惧的两极化震荡。从文化心理的角度来看，中国的社会文化心理分裂为盲目固执的自我中心和自负，以及完全自我否定和自卑两个极端，中国在技术落后阶段形成了自卑、自负交互作用的技术恐惧独特性。

（一）文化自负作用下的技术恐惧

文化自负是一种唯我独尊的傲慢思想，强调自身文化的崇高地位和不可侵犯的权威，最终形成"我尊你卑"的文化等级制度。[30] 本质上，这是一种民族本位意识和强烈的文化优越感。其固执地认为自己是最好的，进而无视他人的进步或优势，导致了文化和技术形成一种自我放纵、自我满足，甚至自我封闭的文化。这种文化自负不能以正确、积极的态度对待国外先进技术，容易固守传统，盲目排斥他人，产生对立、排斥和反抗的情绪和行为。西学东渐、中学为体西学为用等文化思想，都体现了以自负为主要特征的文化心理。

技术恐惧与文化自负相结合，导致了一系列对技术的排斥、抗拒和破坏。据史料记载，李鸿章在上海修建的淞沪铁路全长 14.5 公里，已运行 9 个月，运送旅客 16 万人次，运营利润实际上达到了当时英国的水平；但最终铁路被反对派用高价赎回，不是为更好地研究和发展这项技术，而是直接将其破坏。当时社会上出现了一种"反洋务"思想，有着广泛的社会基础，文化自负影响下的技术恐惧，攻击破坏的不仅仅是修铁路，还包括铺设电报通信线路、开煤矿、造机器等，对于引进现代科技、送学生出国留学等的反对和攻击也很多。他们大多认为西方技术是奇技淫巧而不值得学习，或者认为中国有五千年文明，中国人向别人学习是一种耻辱，他们反对的理由是"不符合中国传统和中国国情"[127]。这里所谓的是否符合中国传统和国情，本质上是一种文化自负，其固执地认为只有流传下来的技术才符合国情和传统。这种自负的文化心理状态本质上是对技术恐惧的扭曲反应，表现为对旧技术的顽固坚持、盲目自大和对新技术的盲目抵制、攻击和破坏。[1]

（二）文化自卑作用下的技术恐惧

虽然中国千年文明和文化中心主义带来的自负有很强的惯性，但以鸦片战争为标志的现代政治、经济、技术的落后和屈辱，带来了强烈的自卑感。从 19 世纪末到 20 世纪初，民族文化自卑感是当时中国人普遍的文化心理。[128] 西方坚船利炮不仅打开了中国的大门，也粉碎了当时中国人将自身看作一个中心国家的虚幻梦想。千百年来，民族文化的优越性在西方工业文明面前一落千丈，甚至完全丧失。科学技术的落后，在近代史上带来了被动的打击，中国人民失去了自主权利而不得不面临先进技术文明的欺辱，自卑开始不断地滋长。"全盘西化"和"全方位西化"是文化自卑情结影响下的技术恐惧的集中反映。

文化自卑是一种轻视、怀疑甚至否定自己文化价值的态度和心理。[129] 在文化自卑心理的影响下，不敢质疑技术，不敢批判技术，不敢面对技术带来的威胁，压抑着对技术的恐惧，导致无法将中国传统文化和技术连接起来，割裂了中国技术发展进步的历史脉络。这些都是中国在技术落后阶段的技术恐惧的显著特征。洋务运动成立了江南机器制造总局、轮船招商局、江西兴国煤矿、开平矿务局、上海机器织布局、天津到塘沽的铁路等[130]，尽管不断引进西方先进技术，但最终以中日甲午战争的失败宣告了技术全面西化的失败。由于全社会的技术恐惧压力加剧了对自身文化价值的轻视、怀疑和否定，统治阶级急功近利的改革缺乏上层建筑的稳定性和自上而下的系统性规划，公众对技术改革和进步的探索显得碎片化。总的来说，中国五千年的技术文明无法与近代技术发展相连接，所以近代中国无法形成自己独立的技术发展体系。

中国近代史中的屈辱与自卑加剧了对先进技术的恐惧，抑制了技术的进步和发展。分析日本明治维新可以发现，它的成功是因为独特的历史背景下日本人没有产生打开国门的屈辱或自卑，日本以天皇为代表的文化和文明得以保存下来，他们通过自上而下的改革，把日本的近代技术革命和日本的传统文化进行连接，形成一种自下而上和自上而下的统一整体，进而驱动日本现代技术的快速发展，以及社会政治、经济的全面进步。相比之下，中国碎片化的技术改革活动缺乏自上而下的系统规划，无法在技术系统上与日本竞争，这成为中日甲午战争失败的技术原因。尽管战争失败还有社会、政治、经济的原因，但是中国技术改革无法自下而上彻底完成，自卑文化背景下的技术恐惧抑制了近代技术体系建设发展，是这段历史的重要注脚。

两次鸦片战争和中日甲午战争的失败，不断加剧中国国民的屈辱感和自卑感。自卑的文化心理形成了简单的逻辑推理，从中国的刀剑不如西方的枪炮，进而泛化为所有的技术不如西方，文化与文明、教育与文字等都不如西方，于是对自己进行了彻底的否定，也割裂了文化之根，进而产生了更加强烈的自卑反应。结果，一方面抛弃了传统文化之根，另一方面也没有真正学习到西方技术思想的精髓，导致在近代中国技术落后阶段，文化自卑成了技术恐惧的主要特征。[1]

（三）文化自卑与文化自负交互作用下的技术恐惧

新中国成立后，仍然有较长时期处于技术落后阶段，自负与自卑心理相互作用的非理性技术恐惧也继续影响着中国。20 世纪 50 年代的社会主义改造中出现了一些失误和偏差，使工农业生产技术和发展遭受巨大损失。从文化心理学的角度来看，在那个特定的阶段，由于非理性技术恐惧中的文化心理自负，在西方科学主义的指导下，导致对钢铁冶炼、农业生产技术和标准的漠视和否定，从而出现盲目、夸大等心理和行为反应，在基于自负的技术恐惧的无意识影响下，丧失了技术理性，最终不但没有推进技术的发展进步，反倒是导致技术的停滞甚至倒退。

另一方面，在改革开放初期因为打开了国门，中国初级阶段的社会主义本土技术与西方两百多年工业化技术体系形成了的巨大差异，导致一些人陷入自卑性技术恐惧，形成盲目崇拜欧美文化，幻想或试图通过全盘西化，或完全移植西方文化以彻底改造中国的观点。他们悲观地认为中国技术赶不上欧美，并将其错误地泛化为国外技术产品全都是好的而中国制造是低质廉价的代名词，技术开发者们不重视也不相信技术的自主研发，缺乏技术开发体系的整体规划，导致在某些领域无法取得进展。比如，中国汽车和航空发动机技术领域曾经远远落后于欧美，自卑影响下的技术恐惧在某种程度上是导致航空发动机技术停滞的原因，而后期则有在国家推动下专注于大型航空发动机技术研发的不断推进。因此，技术恐惧不仅是对技术本身负面效应的直接反应，也是技术先进国家给技术落后国家带来的屈辱、压迫和威胁所导致的文化性技术恐惧。因此，文化背景下自卑或自负的交互作用会形成技术落后国家的技术恐惧的独特性。

三、当代技术恐惧与文化自信

邓宁-克鲁格效应（Dunning-Kruger effect）描述了三种状态，分别是愚昧之山、绝望之谷和开悟之坡。[131] 辩证地看待文化自信，应反思中国科技发展史的各阶段究竟是蒙昧山峰上的盲目自信，还是绝望之谷和开悟之坡等阶段之后的持续平稳高原。中国在明清时期处于愚昧的技术山峰，但是经历了西方工业革命文明的冲击，陷入了真正的绝望之谷，直到维新变法、五四运动等让国人来到了开悟之坡。尽管中途历经坎坷，但是从明确科学技术是第一生产力到改革开放，中国再次探索了开悟之坡的多条路径，逐步实现了中国科技的跟跑、并跑和领跑的新格局，中国的科技人才也得到了大幅度的增长，一批批杰出的科学家以前成功研发了"两弹一星"，现在也研发了量子科技、高铁技术、登月技术等，进入了局部科技领先的科技新时代。带着文化自信，中国的科技发展未来可期，但是挑战依旧严峻，一方面是要继续赶超其他高新技术国家，另一方面是领跑领域没有可以借鉴和参考的目标，急需基础理论创新，在人类社会接近摩尔定律和香浓定律的价值极限后[132]，如何在技术高原的平稳阶段继续探索前进，避免陷入新的迷茫，避免跌落绝望之谷，是新时期中国科技发展的巨大挑战。

文化自信的积累是一个漫长的过程，它经历了一个从自卑到自负和自负到自卑的两极化波动，最后回归到自信的漫长而曲折的过程。[133] 中华人民共和国成立后，中国人民的文化自尊和自信又开始逐渐恢复。文化的自信前所未有地激发了巨大的心理动力，推动了中国部分科学技术突飞猛进的发展，甚至有些技术已经达到了国际一流水平，例如 1965 年实现了合成牛胰岛素，1964 年和 1967 年分别成功研制出原子弹和氢弹，1970 年发射人造地球卫星等。"两弹一星"的技术突破，减少了中国作为一个技术落后国家的自卑和自负的技术恐惧，并基于自信开始回归，逐渐实现了对技术的理性认知。1964 年中国第一颗原子弹试爆成功后，周恩来总理首次宣布中国不会在国外率先使用核武器。这种表达也是基于文化自信的技术恐惧回归的重要标志[1]，既表明中国的技术进步有助于摆脱和减少自卑，也表明作为这种先进技术的拥有者，中国对这种技术的巨大破坏性和负面影响心存敬畏，充分尊重未拥有这种技术的国家，从而避免给其他国家带来技术压制或技术威胁，避免制造更多的技术恐惧，这是技术进入文化自信阶段的直接表现。

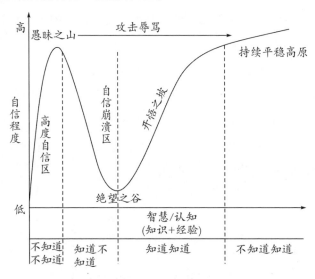

图 7.1 邓宁-克鲁格效应

当代中国快速增长的科技进步和综合国力增强了文化自信，文化自信又进一步推进了高新技术的发展进步。天宫空间站、神舟载人飞船、量子卫星、暗物质粒子探测卫星等高科技的突破和进步，让中国人重新构建了文化自尊和自信，优秀的中国传统文化培养了当代中国的文化自信。基于敬畏和谦卑的传统文化强调人与技术的整体统一而不是对立，避免了技术工具理性可能带来的负面影响，保证了技术服务于人的目的性价值实现。

改革开放四十多年来，中国科技创新发展逐步进入新时代，形成了跟跑、并跑、领跑"三跑"并存，跟跑差距不断缩小、并跑、领跑比例不断增加的技术发展新格局。[134] 2016 年，习近平总书记首次明确提出"四个自信"，并在原有自信的基础上提出"文化自信"，这也凸显了对传统文化的创造性转化和创新性发展。十九大报告提出中国特色社会主义进入新时代，标志着中国文化自信在认识论上也进入了新时代，这表明基于文化自信的技术恐惧思想也进入了文化心理融合的新阶段。新时期，我国仍面临着水土资源环境污染、矿山和工厂安全生产问题等诸多技术挑战，也对如何实现技术恐惧的文化心理整合，避免或减少自卑、自负等负面文化心理影响提出了新的要求。

四、未来技术恐惧的文化整合

（一）未来技术恐惧新常态

随着全球化进程的不断加快，交通技术、信息技术、网络技术等正在把世界各地的人们更加紧密地联系在一起，地球也变得越来越小，形成了一个不可分割的人类命运共同体，以及一种以应对人类共同挑战为目的的全球价值观。中国特色社会主义建设发展取得了历史性的成就，以及基于文化自信的技术恐惧整合发展新阶段，都是人类命运共同文化和文明的重要组成部分。想要解析未来技术恐惧发展的新趋势，仍然需要对人类共同体文化进行解析。

多元技术交互作用下，未来技术恐惧呈现不断增强的新常态。比如，互联网技术恐惧还具有对内容的超时空性传播。互联网文字、图片和视频技术的传播力度不断增强，并且互联网上的内容不易被遗忘，所以伴随着信息不断地累积，人类数千年来的技术风险性和破坏性事件的信息会不断地叠加，很容易形成对历史时期的事件风险与当今时代某事件风险的叠加，从而导致互联网时间范畴上的恐惧叠加态。同样地，在空间上，技术负面效应的叠加效应会更加显著。当技术的风险破坏性发生在某一地区的时候，这个技术是具体化的，与当时当地情景相关联，但是这些信息借助互联网技术的超时空传播，只会把彼时彼地的某一信息与此时此地的相似性结合起来，导致对本地技术风险破坏性的担忧和恐惧的跨越地域的叠加，从而增加了技术恐惧。

赫拉利（Yuval Harari）指出，一旦技术使人们能够重建人类的思维，智人就会消失，人类历史将结束，另一个新的过程将开始，这将是一个像你我这样的人无法理解的过程。[77] 每天，数以百万计的人主动或被动地让无形而聪明的技术之手更好地控制自己的生活，或者尝试一些更有效的新技术帮助自己保持健康。在追求健康、幸福和力量的过程中，人类慢慢地改变了自己的特征。这样的未来结果预期，势必引起更多的技术恐惧，并且成为一种新常态。

　　人类对自由和解放的向往，是因为人类喜欢探索、喜欢冒险、喜欢控制，所以必定要借助技术的力量，也就不可避免地沿着技术支配的方向前进了。就像马克思说人类制造工具是人区别于动物的重要特质一样，人类的技术之路，也必定是人类内在的工具性、价值性需求。这种新的技术未知探索就是具有不确定性的，也可能具有风险、破坏或伤害性，必定会引发技术恐惧，但是相比于人类自由和创新价值而言，人们更多选择的不是逃避恐惧，而是迎接恐惧的挑战，接受恐惧的启迪，带着恐惧继续前进。

　　不难看出，随着未来社会科学技术的进一步发展，在可预期的未来，技术恐惧作为技术福利的"孪生兄弟"，一定会越来越频繁地产生并成为一种新常态。未来社会人们对自然性和社会性的一般性恐惧会相对减少，越来越多地指向为技术及其替代物带来的技术恐惧。因为随着科学技术的进步，自然和社会中的确定性内容会增多，风险性要素显得可控，于是公众的一般性恐惧不会在一般性自然或社会条件下充分暴露。但是因为恐惧始终存在，所以投射性的恐惧更多指向为渗透在日常生活中的各种技术及技术产品。比如在摩尔定律和香农定理的支配下，新发明的技术和产品越来越多，但是大多数社会公众还没有准备好了解和接受，也很难跟上技术更新换代的快速节奏，所以必定会引发越来越多的未来技术恐惧。这个意义上，未来技术恐惧是不断增长的发展趋势。

　　在未来技术恐惧客观性增长的同时，人类对技术恐惧的接纳、适应和应对能力在未来也将不断增强，成为一种动态平衡的新常态。随着心理学的发展，人们必将从主体性角度更好地认识和理解技术恐惧，学会与恐惧共存共处。正如印度思想家克里希那穆提所指出的，当心灵懂得了恐惧的全部内容，就会清空了恐惧，因为心灵达到了完全的成熟。[135]他认为当全然关注存在，恐惧便不存在了。如此，一颗心即是自己的明灯，而作为明灯的心则无所畏惧。所以，未来的技术恐惧也正是在主体性意识和能力不断增强的明灯之下，在对未来人类幸福、希望的全然关注之下，让技术恐惧逐渐得到消解，并获得技术恐惧应对能力的提升和增强。

（二）未来技术恐惧的文化整合

那么，未来技术恐惧的文化心理整合是如何发生的呢？首先，要摆脱技术恐惧的深层思想中自卑和自负的两极分化波动，避免技术在进步发展过程中因自卑而产生自我否定和照搬照抄，以及因自负而产生的盲目自大和简单化的抵制破坏。其次，用敬畏和谦卑奠定技术恐惧的文化心理基础，用文化自信为促进，推动技术恐惧进入文化心理建构的新阶段（见图7.1）。这样，进入文化心理融合新阶段的技术恐惧，才能在科技进步快速发展的轨道上充分发挥类似于刹车机制的积极作用，更好地调节人与技术的关系，为推动中国科技进步发展带来积极启示。[1]

文化整合新阶段对技术恐惧带给人们积极启示，人们越来越普遍地认识到技术的建设性潜在增长总是伴随着技术的破坏性潜在增长。马尔库塞认为技术起源于毁灭自然、控制欲望的"死亡本能"[136]。芒福德认为，人类历史上存在着

"生命技术"和"死亡技术"，两者相互依存，一个否定生命，一个为生命服务。[12] 在科学技术是第一生产力的时代，对技术的敬畏是不可或缺的，这有助于人类趋利避害。因此，在建设中国特色社会主义新时代的征程中，技术恐惧进入了基于文化自信的文化心理整合的发展新阶段，也能够给技术发展带来更多积极的启示。[1]

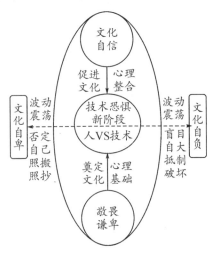

图 7.1　技术恐惧的文化模型

第一，技术恐惧有助于推动死亡技术的约束和限制，进而进行技术创新和转化。以原子弹技术为例，它在早期被用于战争，带来了许多破坏性和死亡。但是，因为对技术的恐惧，人类开始对这种技术进行创新性改造，不是为了攻击和伤害，而是为了核能发电等和平用途，让死亡技术可以转化为生存技术。即使发生了切尔诺贝利核泄漏等灾难，人类仍在进一步提高和平利用核能技术和防止核泄漏的道路上前进。要相信技术的积极价值和作用，我们绝不能做任何阻碍或破坏技术发展甚至使其倒退的蠢事。

第二，对技术的恐惧有助于唤醒对生命技术的敬畏。当人们过度相信技术，无所畏惧地依赖技术时，技术往往会带来破坏、污染、不安等。要批判性地认识技术风险及其负面影响，不盲目或过度鼓吹技术发展，始终对技术保持敬畏。随着基因编辑技术和计算机人工智能技术的快速发展，人类在一定程度上有能力产生超级基因，甚至实现永生。但人类文化中对技术的恐惧唤醒了人们对技术的批判性思考：如果没有死亡，还会有新的生命吗？没有死亡，生存的意义何在？人工智能和超级基因会带来人类进步还是人类灭绝？人类怀着对生命技术的敬畏，在技术风险未知且不可控的情况下，提出了对某些技术进行限制性研发和应用的需求，构建了技术伦理规则，把技术恐惧当作科技进步高速轨道上的"刹车"是有帮助的。通过构建制约和审视技术的一体化路径，可以更好地感知和预测风险，呼唤责任和督促行动，更好地推动科技进步，实现技术更好地为人类服务的目的性价值，从而实现人、自然和社会的和谐发展。

综上所述，从中国文化心理分析的角度来看，技术恐惧摆脱了文化自卑和文化自负的两极分化波动，更好地融合了传统文化中的敬畏、谦卑等积极元素。文化自信进一步将技术恐惧推向了文化心理融合的新阶段，从两个方面给中国科技发展带来了积极的启示。有效利用技术恐惧不仅有助于促进死亡技术的创新和转化，也有助于唤醒对生命技术的敬畏，促进技术的发展。对中国技术恐惧文化心理的分析，有助于深化对中国文化心理背景下技术与人辩证关系本质规律的认识，促进技术为人民服务的目的性价值回归，推动新时代中国特色社会主义的科技进步和发展。

第八章

整合与重塑：技术恐惧的价值

恐惧是实现个人自我和文明社会所必不可少的东西。

——［英］托马斯·霍布斯

达马西奥（Antonio Damasio）认为，情绪在一些情况下可以代替理性，比如恐惧可以跳过理性加工过程直接导致逃离危险的行为。有些情况下，过多的思考还不如完全不予以思考。因此说情绪具有一种价值，可以使有机体不用思考就完成决策，在复杂情境下，尊重人类自身当下的情绪，尤其是此时此刻的恐惧情绪，从而直接做出相应的行为反应，是有助于解决问题，避免遭受风险和伤害的。但是我们也知道，这种情绪决策过程并不能解决所有问题，有时候恐惧情绪提供的解决方案反倒徒劳无益，甚至适得其反。所以这一章，我们需要深入认识技术恐惧的负面效应和正面价值，进而找到价值整合与价值重塑的新路径。

尼采说过，恐惧是人类原初的情感，从恐惧出发，可以解释一切原初的罪恶和原初的道德。[48] 所以恐惧的道德成分决定了其积极意义和价值，技术恐惧的道德成分也决定了其对技术的积极意义和价值。为消解恐惧，伊壁鸠鲁提出一旦正确地理解了死亡，就没什么好担心的，因为对死亡的恐惧是将威胁投射到未来的恐惧，是对痛苦的未来前景的恐惧，而不是支持这种具体的当下恐惧。[119] 他认为恐惧的对象是毫无根据的，因此恐惧并没有对当下造成任何麻烦。卢克莱修还强调了对死亡恐惧的非理性特征，他认为，人在出生前并不为过去的不存在而惊恐，所以人对未来不存在的担忧的逻辑是荒谬的、不合理的。[137]

亚里士多德强调了勇敢这一美德是恐惧的消毒剂。他在《尼格马科伦理学》中写道，人们害怕不同的对象、方式和时代，从而将高贵的恐惧与卑微的恐惧区分开来。[86] 他认为害怕很多威胁我们的技术没有错，但是要实现崇高的目标，我们必须在恐惧面前表现出勇气。如果崇高的事业受到威胁，勇敢的人就不怕死，特别是在战斗中。现代社会里，科学技术可以被视为一种崇高的事业，在这一事业发展中表现出的负面效应，尤其是技术的风险性和未知性威胁到人类的时候，我们不应该退缩，而应该成为勇敢的人，带着勇气去战斗，去完善技术、降低风险，去探索未知的新领域，这样我们的技术恐惧才具有真正的崇高意义，成为亚里士多德所说的高贵的恐惧。

通过对技术恐惧起源与演变的考察，可以确定技术恐惧的存在具有长期性和普遍性。几乎所有新技术在初始阶段都遇到过抵制与排斥，技术的双刃剑属性也不可能被改变。新技术的接受从来都不是一蹴而就的，不能因为技术恐惧就不发展技术，因为依靠科技进步是迄今为止人类社会发展的最佳路径。相反，恐惧是人类认识事物的方法，是人类的生存方式。技术恐惧有助于人们更好地理解技术负效应相关问题，从而寻找技术的拯救之道。科技发展无止境，技术恐惧是长期性与普遍性的存在，它启迪我们在恐惧中前行，使技术发展时刻保持自我警醒，不断矫正技术的发展方向，使技术回归其为人类造福的初始方向，实现技术的自我救赎。技术恐惧的价值在于唤起人们对技术负面影响的关注和警惕，规范人们的技术设计、创新观念和技术行为，所以应对技术恐惧就是更好地利用技术恐惧，不断调适技术发展的速度和方向。[10]

技术恐惧的存在，是人与技术对立性的生动体现。技术恐惧固然会带来个体的身体伤害和心理问题，但是，技术恐惧更大的问题在于，它使人与技术之间的隔阂和壁垒不断加深。技术恐惧可能导致简单粗暴地限制技术发展，责备技术的过失和不足，苛求技术的完美，但这无助于技术的进步，也无助于技术恐惧的消解。事实上，和谐人技关系的建立可能是应对技术恐惧问题的最好答卷，不是消灭技术恐惧，而是借助技术恐惧的正面价值，消除人们对技术的认知障碍，形成正确的技术观，促进人与技术的关系从负相关转向正相关，建立良好的人与技术关系。[10]

诚然，各种技术风险和不确定性带来了技术恐惧。[25] 事实上，这是人们对稳定生活的渴望和安全感发展到极致的另一种表现。[9] 在稳定和安全的时候，人们害怕新的不确定性和风险性；但如果人们长期在稳定和安全的环境下，又会感觉到没有压力、缺少刺激、没有创新，所以人类内在的心理危机和生死本能的斗争，也会促使人类进行各种尝试和探索，仍然不可避免地带来恐惧危机。

当今人工智能技术汇总，让机器具有人类的情感和情绪的实在论路径走不通，有着难以跨越的技术障碍，于是在交互论指导下，科学家们绕开了真正的技术难点，让人类感受到机器是有情感和情绪的，这一建构主义哲学指导下的新路径，也即著名的图灵测试，被广泛地接受和采纳。但是批判性地思考一下，"知难而绕"能否真正推动人类技术进步的新方向呢？

所以可以说，在真正的新技术出现前，恰恰是一种无意识的恐惧阻滞了技术的发展，对技术未知或者不确定领域的认知不够，尤其是无意识恐惧在潜在用户中发挥着作用，但是因为无意识恐惧的隐蔽性，所以技术研发者并没有真正觉察和重视，以至于技术的创造性发展和创新性转换不充分，技术成果不被公众接纳。当然，另一个视角上，也正是这些无意识的技术恐惧孕育着机会，孕育着新技术和新产品的巨大契机。与其说是需求，不如说是对技术的恐惧驱动了这个社会的发展。

痛和爱是促成改变的两大重要力量。当你有了恐惧，你会想要逃避，但是逃避无法解决问题。相反地，只有面对，才会感受到痛，才会想办法去解决这种痛。恐惧会驱动你每天关注你不想要的、你不喜欢的、你不想过的生活。既然无法逃避恐惧，为什么不转身去直面恐惧，借助爱和希望的力量，消解技术恐惧，追求幸福美好生活呢？

一、技术恐惧的客体性价值

技术恐惧的客体性解析发现了从具体的机器技术物到抽象的网络技术物，从死亡技术到生命技术，技术恐惧一直如影随形、挥之不去，并且变幻着不同的形式存在并影响着人类。技术恐惧是对技术这一客体的反应，既可能是人类内在恐惧的客体化投射，也可能是外在技术本身引发技术负效应的担忧。

技术恐惧作为千百年来长期存在的现象，固然有其复杂的发展演变过程，并存在不可否认的负面影响，但是同时更需要透过其负面影响理解其积极正面的价值，合理借助技术恐惧调适技术客体的发展方向和发展速度，确保技术服务于人的目的性价值的实现。基于技术恐惧客体的存在性和实在性、风险破坏性和未知不确定性的基础，认识理解技术恐惧的客体性价值，一方面要借助技术恐惧约束技术的风险破坏性并实现技术创造性转化，另一方面还要借助技术恐惧的未知不确定性控制技术发展速度的同时坚持创新发展。通过技术恐惧唤起风险意识，进而促进技术的结构、功能和使用规范的完善升级，让技术更加公平、便捷地服务于人类。

（一）技术恐惧对技术客体的负面影响

钱理群说，苦难就是苦难，不应该对苦难进行美化。技术恐惧就是具有恐惧的副作用，不应该对恐惧带来的副作用视而不见。

技术恐惧中技术是恐惧的客体对象[10]，因为恐惧往往被视为负性反应，导致产生对技术客体的攻击破坏等行为，就是技术恐惧的主要表现。卢德运动中人们攻击、破坏机器的行为带来财物损失，就是技术恐惧的最直接的负性反应。当代技术恐惧已经从技术物的破坏攻击性，转变为通过互联网媒介对技术存在的攻击破坏，甚至造谣和放大技术负效应，从而破坏技术发展应用。

对技术的回避拒绝是技术恐惧的另一个主要表现，更有可能阻滞或延缓技术发展进步。当人们因为恐惧而关上了面对技术的大门，选择远离技术，甚至拒绝技术靠近人类的时候，技术就无法引起人类足够的重视，人类也无法洞悉技术的规律和奥秘，无法积聚技术发展进步的动力，也无法推动技术的创新发展和进步。

对技术的犹豫不决带来的机会成本增加，也是技术恐惧负面影响的表现。因为恐惧是动态的、相对的，恐惧强度不同，对技术的态度也相应地发生变化，导致了对技术呈现两极波动的不稳定状态，因而陷入焦虑和犹豫不决，这样带来的心理成本很高。心理成本外化投射为社会成本自然也很高，技术在这样的高社会成本情景下，难以获得发展进步。

对技术过度依赖也是技术恐惧的一部分，深层次上还是一种对技术力量强大的畏惧，以至于陷入恐惧中无法动弹。正因为人的恐惧困境，技术也被动地陷入了"不反应"的困境，出现一种类似于经济学中"滞胀"的状态，技术无法继续发展进步，人们对技术的恐惧也无法消解和减少。技术恐惧还激活了技术客体的主体性成分，并且不断地强化这个部分，从而导致技术支配性不受控制地膨胀，越恐惧越害怕，不断叠加的技术恐惧反倒成为技术失控的最大风险，可能迷失技术服务于人的目标、方向和价值。

技术恐惧激发对技术终极价值的怀疑和批判，也有延迟阻碍技术进步的负面影响。生物技术是拯救人生命的，但是在拯救的同时也因杀死病毒而面临病毒的升级变异，以至于抗药性越来越强，这很难不让人产生技术怀疑或拒绝。人类的医药水平越来越高，但是面临的疾病威胁丝毫没有减少。

当然，医药技术事实上有助于拯救危重症患者，但是真正意义上人类的健康和长寿，其实与医药的关系有限。现代医药技术是伴随疾病和病毒问题而来的，并不是真正的早期预防和干预。比如癌症，早期检查发现的技术和早期治疗的技术都是医药技术的重要内容，而不仅仅是病症严重后的手术等技术。如何真正减少和预防癌症呢？其实是受基因及生活习惯、环境、营养等综合要素的影响。

外在的技术恐惧会增加技术创新主体的负荷，分散技术创新主体的精力和方向会导致技术客体的创新止步不前。原本比尔·盖茨及其团队应该继续坚定地创新，在计算机技术领域寻求新的突破。然而因为其技术的领先程度及其商业价值，引起竞争对手甚至社会政府的恐惧，所以发生了微软公司拆分和避免垄断的诉讼事件。虽然最终微软没有被拆分，但比尔·盖茨已从技术引领和创新的专家转向慈善行业引领者。从技术发展视角来看，来自竞争对手和社会的恐惧，客观上导致了技术创新工作者精力、资源和方向的变化，从而在核心技术创新领域踌躇徘徊，无法取得更大的技术突破。

另一个相似的示例是对登月技术和外太空的探索。1969年美国实现了人类登陆月球，但很遗憾的是，之后半个世纪这项技术并没有新的发展和进步。美苏争霸背景下的星球大战计划酝酿了登月技术的雏形，可惜也正因为技术先进带来的领先和压迫性，导致技术衍生出的技术压迫和技术利益足以在美苏争霸中获得足够多的优势，而使其在20世纪80年代开始减少对该技术的投入，技术陷入停滞甚至倒退。为什么其时会有这样的技术停滞甚或倒退呢？美苏争霸和军备竞赛影响下的技术领先优势带来压迫性恐惧，作为技术落后恐惧的群体，为寻求解脱而采用注意转移和技术难点回避等方法进行应对，最终导致科学技术的发展方向和进度上支持性的力量和资源不够，甚至造成了一定程度的阻滞。

（二）技术恐惧对技术客体的正面价值

恐惧一方面可能激发更大的潜能获得生存机会，另一方面也可能因为过度害怕而冲动地逃跑或自我攻击，导致自我伤害甚至丢失生命等。强烈的恐惧所产生的心理冲击会威胁人的生命，使人做出冲动性的行为反应，导致无法理智周全地考虑行为后果。但是，恐惧也有适应价值。无论是在进化还是个体发展中，人总是在威胁和危险的情况下战斗或逃跑，最终使生命主体得以生存和延续。适当的恐惧可以帮助人们避免不利因素，保护自己免受伤害。从这个意义上说，"恐惧"是拯救生命和逃避危险的能量和动力。恐惧作为拯救的能量，在和平时期，你将得到安全；相反，"有恃无恐"往往会让人陷入危险之中。

技术恐惧作为技术与人的特殊关系存在，是对技术复杂性、易变性、不确定性、危险性、风险性和统治性诸多负面效应的反应。[25] 这一对象性关系中，技术是客体性存在，人则是主体性存在。技术成为技术恐惧的客体化对象，技术的风险性和危险性是技术恐惧产生的主要原因，技术的复杂性和不确定性也会引发技术恐惧。因为技术具有复杂性特点，所以有很多技术未知的部分有待探索和发现，这些未知部分成为不确定性的根源，因而引起未知和不确定性方向上的技术恐惧；同时因为技术研究和应用可能面临失败的风险性，即使成功了也可能面临技术被滥用带来的破坏性等问题，因而也会不同程度地引起技术风险破坏性方向上的技术恐惧。

但是，克尔凯郭尔的恐惧哲学思想包含了恐惧拯救思想，也蕴含技术客体性视角下的技术恐惧正面价值分析。他认为，恐惧是一种传承之罪，罪进入了恐惧，而罪又携带着恐惧：一方面，罪的连续性是一种令人恐惧的可能性；另一方面，救赎的可能性是一种使个体产生既爱又怕的"乌有"，所以只有在拯救真正被设定了的瞬间，恐惧才被克服了。[49] 运用克尔凯郭尔的恐惧哲学思想分析技术恐惧，发现技术负效应之罪是具有连续性的，技术带来了技术恐惧，但同时也孕育一种拯救的可能性，即技术不断地发展进步和完善升级，当这样的"乌有"被真正设定的时候，也就是恐惧真正推动了技术服务于人的时候，恐惧才会得到消解。所以，正因为对技术负面效应的害怕和恐惧，所以无意识的资源和注意力形成了对技术负面效应聚焦的同时，还可能无意识地酝酿着如何减少技术负面效应，这样的无意识技术恐惧中也就蕴藏着技术完善、进步和发展的动力。

如果没有了技术恐惧的无意识加工，就意味着没有了对技术未知性和不确定性等负面效应的积极探索，可能意味着技术失去了来自技术恐惧的反向推动力，技术可能无法在技术负面效应的反方向上取得进步和发展。反之，技术的发展进步，与技术恐惧的关注焦点的反方向具有一致性，即技术总是在应对技术风险和不确定性的反方向上前进着，这种技术完善、发展、进步的反推力就来自技术恐惧。

1. 技术恐惧推动技术创新性发展——基于技术客体的未知不确定性

技术的创新性发展是探索技术的未知领域并推动技术从0到1、从无到有的过程。技术创新性发展的动力激发与积极探索，本质上是对技术不确定和未知部分的创新探索。技术的创新性发展是从不确定到确定、从未知到已知的过程。[89]近年来，中国不断强调坚持创新驱动发展，推动产业提质增效，也体现了技术恐惧推动技术创新。

技术恐惧包含着对技术不确定性和未知性的恐惧，是技术发展过程中的必然产物。克尔凯郭尔认为，如果为一种过去的不幸感到恐惧，那么这不幸并不存在，因为它已经是过去的了，所以人类则是在为"那可能的"和"那将来的"而感到恐惧。[10]"那可能的"和"那将来的"，在技术客体性属性中，就是指技术未知的不确定性。技术恐惧不仅仅是对技术不确定性和未知性的恐惧反应，更孕育着把未知的不确定性转变为"那可能的"和"那将来的"的确定性或已知的过程。技术恐惧是通过对技术未知可能性和不确定性的恐惧，推动从技术有限性到技术无限性的积极变化过程，从而实现技术的发展和进步。[138]技术的确定性和不确定性、未知和已知是永恒的动态交互关系，这决定了技术恐惧的广泛存在，正如科学技术领域中知识的已知部分越多，知识圈的周长越长，接触到的未知领域就越多，人们知道技术的不确定性也必定会随着确定性技术领域的扩大而不断增加，进而不断产

212

生新的技术恐惧。这个意义上，技术恐惧驱动着技术不断探索新的未知和不确定性[39]，从而持续不断地为技术进步和发展提供反向推动力，驱动新技术创新发展和进步，不断实现技术从 0 到 1、从无到有的创新性发展过程。

作为技术相对后进的国家，面对技术先进的国家的技术进步，技术恐惧成为一种重要的发展驱动力，推进技术的创新性发展。中国工业技术起步较晚，很多技术缺乏积累，水平相对落后，面临的技术未知部分和技术研发中的不确定性部分非常多。如何突破国外技术封锁，实现技术从 0 到 1、从无到有的突破呢？比如"两弹一星"、北斗导航系统、大型盾构机、海底隧道等，前期都面临过国外的技术封锁。

2020 年 3 月，美国国家人工智能安全委员会投票通过了一份长达 700 多页的所谓"报告"，建议国会"收紧"中国芯片制造技术的瓶颈，以防止中国未来在半导体领域超越美国。在报告中，该委员会建议美国与这些国家共同制定对中国芯片制造设备的出口许可政策，报告还声称中国半导体产业应该"落后美国两代"。如果没有关键技术被"卡脖子"的风险认知和相应的技术恐惧反应，人们就会面临温水煮蛙的困局，深陷风险而不自知，被"卡脖子"的窒息感和恐惧感将会让人们惶恐或逃避。[139] 正因为技术"卡脖子"带来的社会性技术恐惧，人们才会更深入地认识和了解技术未知的部分，探索技术的不确定性，实现从未知到已知、从不确定到确定的技术发展过程。这个意义上，技术恐惧更好地激发了技术研发者的责任感和使命感，驱动科技工作者开展技术创新性发展，用技术服务于本国人民。中科院院士潘建伟提出，科技工作者要勇于当领导、当先锋，肩负起科技创新的历史使命，实现更多的从 0 到 1 的创新突破，掌握更多的重大核心关键技术，切实对中国作为世界科技强国建设起到支撑。[140]

尽管近年来中国科技发展迅速，"嫦娥五号"带回月壤，"奋斗者号"完成万米海试，在 5G 技术、量子技术方面获得了新的突破，部分技术处于国际领先水平，但是面对新的未知和不确定性的技术领域，技术该走向何方，技术该以怎样的速度发展，技术该如何更好地服务于人而避免给人类或地球带来破坏和毁灭？人类对尚未发生和难以预见的未来技术充满了深深的恐惧，一方面会让人们对技术谨言慎行、小心翼翼，一旦发现或预见到技术的风险性和破坏性，就需要避而远之或反其道而行之；另一方面人们又离不开技术并且要依靠技术的发展进步来解决种种新问题，所以必须在技术风险破坏性的技术恐惧反方向上砥砺前行。因此，技术恐惧作为当代社会的一种客观存在[84]，也一直发挥着驱动技术客体实现从无到有、从 0 到 1 的创新性发展。

2. 技术恐惧催化技术创造性转化——基于技术客体的风险破坏性

技术作为普遍性价值，其负面效应的另一个表现主要是技术的风险性和破坏性，一旦应用不当，技术将会给人类社会和自然带来巨大的破坏性，从而影响全人类的生存发展，引发技术恐惧的普遍存在。技术的创造性转化就是指降低技术现有的风险性和破坏性，并在约束和减少风险破坏性的基础上，进一步促进科学合理的技术转化和二次开发利用，促进技术从有到优的不断完善的过程。

　　技术恐惧既是对技术破坏风险性的情绪反应，同时也是对破坏性和风险性理性认知的起点。首先，其有助于促进对技术风险的知觉唤起，引起对技术风险和破坏性的关注和觉察。在此基础上，为了减少或者降低技术的破坏性和风险性，减少技术对人类生存发展的破坏性甚至毁灭性威胁，技术恐惧会促进对技术研发应用的规范和约束，在科技伦理的框架下开展负责任的研究，避免技术风险破坏性的放大或产生的连锁效应。进而在技术风险破坏性的反方向上，技术恐惧成为技术创造性转化过程中的催化剂，完善技术，弥补技术的缺陷，促进并放大技术在对人类有利方向上的完善和发展，实现技术与人的和谐发展。

　　以核技术为例，1945年广岛上空一颗5吨重的原子弹导致10余万人死伤。原子弹的强烈光波使成千上万的人失明，6000多度的高温把一切化为灰烬，放射性导致一些人在接下来的20年里慢慢死去，冲击波形成的强风摧毁了所有的建筑[141]。全世界对核技术的破坏性和风险性有了充分的认知，从影响程度和范围看，也形成了空前的核技术恐惧，甚至因此而"谈核色变"。但是，正因为核武器等军事技术的巨大破坏性和风险性认知带来的技术恐惧，科技工作者、公众和国际社会往往一方面反对核技术应用于战争，另一方面积极探索核技术的和平利用，后者正是核技术恐惧催化的核技术创造性转化过程。恐惧越强，对技术创造性转化的催化越显著，越能够更好更快地在技术风险性和破坏性的反方向上实现技术的转化、完善、升级。因此，正是原子弹的巨大破坏性风险的技术恐惧，使战后开始了和平利用核能发电的创造性转化。

自 1954 年苏联建成世界上第一座装机容量为 5 MW 的核电站以来，根据世界核协会（WNA）发布的数据，截至 2019 年 12 月 31 日，全球有 30 个国家使用核能发电，其中中国大陆 47 台运行核电机组累计发电量为 3481. 31 亿 kWh，约占全国累计发电量的 4.88%。同时，为了对核技术的破坏性风险形成有效约束，美国、英国、法国和加拿大于 1957 年 8 月向联合国裁军审议委员会提出了防止核扩散问题，1986 年，59 个国家正式签署了《不扩散核武器条约》[19]，在推动核裁军、防止核扩散、促进核能造福人类等方面取得了积极成果。所以，技术恐惧约束和降低技术风险破坏性，并催化技术客体实现从有到优、技术完善升级的创造性转化过程。

3. 技术恐惧促进技术"两创"的整合

党的十九大报告充分强调"两创"，中华优秀传统文化中那些不能适应时代需要，但经过改造仍能为现代化服务的部分，既不是完全继承，也不是完全抛弃，而是创新性、创造性地改造；中华优秀传统文化的精髓，既能适应时代需要，又能服务于现代化建设，必须积极传承、创新发展、不断弘扬。核技术、电子信息技术、生物医学技术、航空航天技术等众多高新科学技术固然有光鲜艳丽和带给人类福祉的一面，但是与此同时技术自身也有着如影随形、挥之不去的技术负面效应引发的技术恐惧现象。

随着中国科学技术的发展进步，文化自信极大激发了技术发展的心理动力，推动了技术恐惧进入文化心理整合新阶段[1]，有助于实现技术恐惧推动技术"两创"的正面价值。技术的创新性发展和创造性转化是一个连续不断的动态化过程，技术恐惧在这一过程中为技术从 0 到 1、从无到有的技术创新性发展提供了反向推动力，也发现了技术恐惧降低技术风险破坏性并催化从有到优、技术完善的创造性转化过程中的积极价值。

二、技术恐惧的主体性价值

技术恐惧作为人这一主体对技术负效应的反应，表明人类不得不面对技术恐惧对人类主体的反作用。技术恐惧的主体性解析从技术设计者、使用者、幸存者等角度分析了技术恐惧的表现，探索了技术恐惧的主体性根源，发现了人类主体的自然属性和社会属性在一方面获得了技术中介和工具的帮助，但在另一方面又遭受技术的威胁和背离。所以主体性视角下，人类必须面对技术恐惧对主体的负面影响的同时，更要认识到技术恐惧带给人类的积极意义和正面价值，实现对人类主体更好的风险保护和成长促进。

（一）技术恐惧对技术主体的负面影响

现代社会存在的能源技术悖论是节能技术越进步，实际消耗的能量却越多。究竟是能源开发利用不断升级进步，还是技术终究消耗掉过度的资源，导致人与自然的平衡关系被打破从而毁灭？战争技术也类似，攻击方和防御方总是交互增长，最终的意义在哪里呢？风险越来越高，可能导致的人类毁灭性也越来越大。

但是对于现代的时空技术呢？麦哲伦环绕地球，发现了新大陆。人类探索太空，也可能会发现新星球。人们对这些技术应该抱有恐惧吗？因为是外向指向的，回避了当前人类利益冲突的风险，所以没有出现公众恐惧。但是科学家对未知的探索中，其实充满了谨慎和敬畏，对自己的已知部分尽力而为，对未知则交给后代完成，但这仍然不可避免地产生技术恐惧，技术越尖端，技术恐惧越强烈。

由于有限的主体能力与无限的欲望之间的冲突，存在这一边的世界与死亡另一边的世界之间的冲突，生命的必然性与偶然性之间的冲突，科学与宗教的实验理性与先验理性的冲突。[142] 在种种冲突的威胁面前，人们有迷惑而不能化解，进而产生恐惧。技术只不过是这些恐惧的外部投射，这些投射以技术负效应的方式呈现出来，形成对技术的恐惧。

人生在世，要驾驭外物，而不为物欲所驱使，这是人类主体性和人类中心主义的永恒话题，也是世界多元化价值观与人类自由解放带来的主体性尊重。但是技术负效应却吞噬着人的主体性，更重要的是由此引发的对恐惧的恐惧形成了一个恶性循环，让恐惧不断叠加，超出正常理性的恐惧反应程度。

　　人类理所当然地作为主体，想要去支配和控制外部存在。但是人的主体性和客体性是同时存在的，主体的技术恐惧首先就会指向自身的客体性和自然性。客体自我会有生理和心理上因为恐惧引发的紧张不适，以及相应的回避、攻击或者木僵反应。回避反应可能导致个体的能力消耗与退缩，失去希望和力量；攻击反应可能导致对抗冲突和死亡风险增加，木僵反应也是个体处于困境中无法摆脱的状态，如果持续时间过长，有机体的自然属性也将面临功能性休克，丧失行为能力。以上三种反应都表明，主体无法摆脱自身的客体自我属性，所以不可避免地受到技术恐惧的负性影响。

　　除了主客体自我，在自我与他人的关系中，"我"作为主体的时候，他人就成了客体，通过技术中介，他人也就面临着被主体支配和控制的风险。这会对原本具有主体性的他人带来恐惧的负面影响，他人也会因为被某一主体支配或控制而产生不适感、不安全感和不自由感。自由剥夺和安全剥夺带来的恐慌，就是技术恐惧对他人的负面影响。

　　此外，在人与自然的关系中，人类的技术主体也面临着恐惧这一负性影响的威胁。当技术恐惧袭来的时候，技术主体对大自然的无知导致无节制地使用技术，可能带来大自然的报复，人类主体最终不得不面对技术反作用力带来的风险和威胁，在人与自然的关系中，人作为自然的一部分，大自然的伤痛也就是人类自然属性面临的威胁。

　　最后，人类技术主体在总体上被现代技术削弱，人类主体性丧失的风险和客体化的动态变化过程中，技术恐惧是一种对技术负效应的负性表达。所以技术恐惧本身越来越强的时候，又会进一步导致人类对技术负面效应难以控制。

在个体健康层面，技术恐惧对人类主体的负面影响，就是恐惧本身吞噬着人的健康。技术恐惧是一种消极的、痛苦的负性情绪，会影响人们的幸福感，也有可能让个体陷入身心健康的困境，甚至使个体、群体乃至人类笼罩在恐惧阴云中。人类是追求和向往更多积极情绪的，恐惧作为副产品，总会伴随着技术福祉而出现，这种出现就会带来对恐惧的恐惧。群体层面，恐惧带来的集体无意识行为，可能增加社会风险成本。国家主体层面上则更可能因为技术恐惧，导致非理智性的对立冲突，带来不可预料的国家之间的冷战或热战对抗。

（二）技术恐惧对技术主体的正面价值

1. 技术恐惧的个体存在与正面价值

克尔凯郭尔强调个体存在的独特性，认为个体的存在是不断面临危险却又必须完成认识自己的独特过程。[49] 在认识自己的过程中必定会产生未知自我的部分，也会不断遭遇外在的不确定性或危险，这就使得恐惧从产生成为必然，在现代科技社会技术恐惧也就成了一种必然的表现形式。无论是对自我未知部分的认知，还是对客观世界风险的认知，都不仅仅在于未知所带来的压抑或焦虑、恐惧等反应，更在于唤起的这些认知情绪反应带来的"磨炼创造力"的深度思考和进步，进而演化为创造性的行动，去解决或者应对自我未知或外在风险的问题。克尔凯郭尔总结指出，存在也是生命的强烈颤动，是主观的敏感点[49]，所以在存在主义层面上，技术恐惧的存在也是主观的敏感点对自身未知或外在风险的反应，有负性的情绪反应代表着生命的强烈颤动，通过这种颤动可以警醒我们，并带给我们积极的启示。反之，如果没有了代表生命颤动的技术恐惧的存在，人类也就失去了对未知部分和风险性的主观的敏感性，在面对技术的负效应及其对人的伤害可能性的时候，个体也将无法做出相应的积极反应，无力远离技术的伤害性，或者无法进行有创造力的沉思来化解技术的负效应。

2. 人类主体性视角下的技术恐惧正面价值解析

相对于技术客体性，人在人与技术的关系中是作为主体性的存在。芒福德的心理化技术哲学认为"人是心灵制造者"，人类相比于动物而言具有失望、焦虑、茫然、恐惧、过度幻想等"内在危机"，相对于外界环境对人的生存威胁而言，人的内在危机可能更多更大，这个意义上，技术起源于人的内在危机，因为人自身的焦虑恐惧等内在心理活动，推动人类向外探寻，从而发明了技术。[88]这个意义上，技术本身可以被视为主体性恐惧等内在心理危机驱动的产物。技术产生之后，技术负效应进一步引起了焦虑恐惧等心理反应，又在一定程度上加剧了人类主体性的内在心理危机。

技术恐惧作为人的内在危机和技术负效应的交互作用的反应，不仅仅是一个负性情绪反应的结果，还是包含主体的积极应对过程。人在这一过程中作为主体，虽然承载着技术客体的压力和促逼，负面效应带来的负性情绪、情感体验导致主体性退缩甚至陷入困境，但是人的主体性并不会完全消失，人始终具有主观能动的心理行为反应，通过恐惧情境下人类做出的回避性反应或战斗性反应，实现自我保护和免于伤害，进而带来主体性成长。

（1）技术恐惧具有保护性价值——基于技术主体的脆弱性

技术恐惧作为一种对技术负面效应的反馈机制，这一反馈过程会帮助作为技术主体的人在认知上觉察风险存在，评估风险程度，并做出相应的回避性行为反应，远离技术负效应，减少或降低技术负面效应度对人的破坏和伤害，实现对人这一主体的保护。[25] 反之，如果没有技术恐惧，人类对技术负效应的反馈机制不畅通，就无法做出回避性的行为反应，无法提前远离技术风险，难免遭受技术负面效应及其带来的伤害，无法实现风险来临前对主体的预警，也难以实现对技术主体脆弱性的保护。

除了因为技术固有负效应引起的回避性反应，还有一种技术发展过快带来的超出当前人类认知和接纳适应程度的风险，也会引起技术恐惧并导致回避性反应。当主体人无法适应技术发展的高速度带来的冲击时，技术恐惧就会通过刹车减速的方式，延缓某些技术的研发和应用推广速度，使之与人类适应程度相匹配，避免伤害并实现对人类脆弱性的保护，完成被动防护过程。

2018年底贺建奎宣布已经完成基因编辑婴儿的临床试验。一石激起千层浪，该事件成为基因编辑婴儿技术负效应觉察、发现、警觉性体验和抵制性行为反应的突破口。[143]作为一项新技术，其风险性和不确定性较高，根据贺建奎团队公布的事实，其只对 44% 的胚胎编辑有效，成功率甚至不到一半。这也意味着 CRISPR-Cas9 基因编辑技术具有很大的不确定性，即它们没有击中目标，会对人造成严重的伤害。如果我们用基因编辑技术对 CCR5 基因进行修饰，使其发生变异来预防艾滋病，也可能会错过靶点，导致婴儿发生严重的遗传病。随着代际传递，一些基因突变可能会在几代后才被发现引起严重的遗传疾病，产生医学上的奠基者效应风险。[97]

　　科学家共同体、社会公众、技术实施者、技术对象等对待该技术负面效应的技术恐惧被唤醒，分析评估和预见基因编辑技术在基因不确定性、公平性伦理、未知副作用、技术失败等方面可能的风险，根据 2003 年《人胚胎干细胞研究伦理指导原则》和相关法律，其最终停止了对基因编辑技术的人类实验，当事人受到法律惩处。[143] 这一过程体现了技术恐惧对人类自身的保护性价值。此外，这一事件背后，还包含着基因编辑技术发展过快带来的风险性引起的恐惧。[96] 因为基因编辑突破了一般的义肢和人体增强辅助技术，打破了自然进化的进程，人类还没有做好对该技术的适应，因此会选择回避该技术、远离该技术，免于该技术过快发展带来的主体不适应和可能的伤害。这个意义上，技术恐惧也保护了主体免于技术发展过快对人类带来的伤害。

　　（2）技术恐惧蕴含成长性价值——基于技术主体的韧性

　　技术主体的韧性决定了人们具有应对风险和不确定性的

主动能力。技术恐惧是主体体验技术负面效应和风险并做出反应的过程，包含暴露在技术负面效应之下，经历体验技术负面效应的影响或冲击的心理行为过程，通过积极应对的战斗性反应获得主体的韧性锻炼和成长，经受技术负面效应带来的冲击，进而减少或免于遭受技术负面效应的伤害，实现主动性保护能力提升。[136] 反之，从未觉察或经历技术恐惧甚至刻意回避技术恐惧，对技术负面效应完全没有预警或准备，一旦技术的破坏性风险发生的时候，人类在心理上和行为上都将陷入束手无策的被动局面，主体不具备技术体系上的制衡与补救能力，即人类的脆弱性完全暴露在技术风险性之下，才会真正威胁人类的生存发展。

当今时代安全性在不断增加，但是越安全越恐惧的困境一直存在，安全情境下恐惧的主体性感觉阈限值会降低，从而对恐惧风险更加敏感，更加容易接收到来自恐惧的刺激。另一种情况下，技术负效应需要用新技术去完善和发展，而新技术会导致新的负效应并且引发恐惧，所以技术越发达，技术负面效应刺激的数量越多、程度越大，主体的恐惧也就越严重。从人类进化的自然过程看，这是一个非人工的自然过程，平稳而缓慢，但是在当今技术强力支配的时代，人工智能等新技术的快速发展与非人工的平稳缓慢的自然进化过程不匹配并导致了新的技术恐惧。

以上种种都对人与技术关系中的人类主体性提出了挑战，也呼唤着人类主体性韧性的增长。伴随着恐惧在数量和程度上的不断增加，人类在应对恐惧的过程中，主体性的生存韧性得到锻炼的机会越来越多，人类应对风险和不确定性的能力和韧性得到了更多的锻炼和成长，从而获得更强的生存韧性，实现人类更好地生存，也更好地适应技术，从而掌握和控制技术。所以，技术恐惧蕴含着培养和提升人类主体性韧性的独特价值，从而实现对技术负面效应的主动防护。

正如克尔凯郭尔所说，如果一个人通过恐惧而受到教育，那么他就是通过可能性而受到教育，他（主体）将会像领会"那微笑"一样很好地领会"那可怕的"。[50] 人类领会了技术恐惧中"那可怕的"，就会因此而受到教育，获得韧性成长与发展。中国文化中，"天将降大任于是人也，必先苦其心志，劳其筋骨，饿其体肤，空乏其身，行拂乱其所为，所以动心忍性，增益其所不能"[1]。在人与技术的交互关系中，人类要想开发和利用技术，也必须面对技术负效应，在技术恐惧的情境中锻炼人类自身的韧性。"动心忍性"，才能增益对技术负面效应的承受力和超越力，最终增强人类的生存发展能力，通过主动防护过程实现于忧患恐惧中生，而避免于安乐中死。

（3）技术恐惧促进人类主体从脆弱性发展到韧性

技术恐惧不仅仅是外在的不确定性和风险性，也是与人的主体内在的脆弱性和韧性之间的交互性关系。[144]

以手机及移动互联网技术为例，因为手机的便捷性，所以非常容易形成技术依赖，人们使用手机的时间不断延长，而真正与人面对面交流的时间却相对在不断减少，人类主体的脆弱性在技术面前暴露无遗，并面临着陷入被技术控制和支配的风险。这时，唤醒并保持对技术成瘾或技术依恋等的恐惧，才会让人们反思自己的主体性是否被削弱或消减，从而思考如何科学合理地使用手机等电子产品，在如何避免无节制手机使用和依赖的恐惧背后，锻炼和增强主体性的生存与适应能力，从脆弱性主体走向韧性主体，避免陷入在技术福利的陷阱之中而没有自觉。要避免最终导致主体性的完全丧失的风险，就需要唤醒和激发技术恐惧，在恐惧中锻炼和提升生存韧性，从而真正作为技术的主人，而不是成为技术的奴隶而丧失主体性。

反之，如果缺少技术恐惧，就会缺少主体性韧性的成长和发展。如果没有主体性韧性，就无法适应技术进步和变革带来的变化，也无法掌握和控制技术，更难以进一步创新和发展技术。如果没有了恐惧，生存韧性在交互过程中也因为缺少锻炼而得到削弱，人类事实上已陷入未知的更大风险而不自知，这有可能带给人类更大的危机。军事核技术越来越多，韧性需求性越来越透明，一方面带来恐惧，另一方面也会带来技术破坏性制衡，源于韧性的人类才可以应对风险和问题，保护人类更好地生存和发展。

东方文化视角下，"生于忧患，死于安乐"的中国传统文化思想，也为技术恐惧促进人类主体韧性成长提供了有力的支撑。[145]恐惧缺失可能导致主体失去对危险的警觉，从而增加安乐中死亡的风险，失去生存发展和成长的机会。在人与技术越发高度融合的当代社会中，生于忧患而死于安乐的技术恐惧在本质上帮助人类增强生存能力，避免人类因为未知的技术风险或不确定性而遭受生存或发展威胁。反之，如果人的主体韧性和生存能力无法得到锻炼增强，忧患恐惧也就无法激活更加具有韧性的人类主体的生命力。

　　所以说，技术恐惧一方面在于唤醒和觉察，进而预见技术风险，做出远离技术负面效应的被动防护；另一方面通过恐惧暴露，让主体韧性得到锻炼和培养，从而真正增强人类主体性韧性，获得对技术负面效应的主动防御。技术恐惧刺激了远离技术负效应并保护人类脆弱性的被动防护，也刺激了经历和面对技术负效应过程中实现人类韧性成长的主动防御，在主动防御和被动防护的"两防"过程，有助于在人与技术的交互过程中实现从脆弱性到韧性的成长发展，增强对技术风险破坏性和未知不确定性等技术负效应的主体性应对能力。

三、技术恐惧的价值整合

　　技术建构主义者认为技术的意义和价值不是固有的，而是由社会群体赋予的，因而技术永远不可能独立于人类社会而发展。[34] 安德鲁·芬伯格的技术批判理论认为，技术需要和社会需要聚合在"技术理性"或"真理政权"中，这种现象是技术价值的凝结。[146] 技术民主化赋予了技术价值主体一定的社会地位，也突出了技术主客体价值的反应，包含了丰富的技术价值观念。[34] 本节通过对技术负效应的消解和正面价值的强化，实现对技术恐惧的正负效应的整合与平衡，进而为技术恐惧的重塑奠定基础。

（一）技术恐惧负面影响的消解

理斯曼（David Riesman）在《孤独的人群》一书中指出，在一个充满恐惧的世界，个体受制于人并且被越俎代庖，成为"沉默的大多数"。[147] 他提出了重要的反思：人类自身受到哪些现当代技术发展的影响和摆布？个体在这样的技术背景下，是否经受得住技术恐惧的压力和冲击？恐惧现象学引起了哪些新的关注和研究？这些基于"恐惧驱动"所做的事情，时时刻刻让人们沉浸在负面情绪中，最终即便人类实现了某种成果，产生的都不过是"驱散走恐惧的疲倦感"，人类主体只不过是打败了一个"敌人"，感到短期的放松罢了。每过一段时间，人类生活中又会有其他的恐惧产生，人们需要继续去战斗，这种不断应对恐惧的内耗，常常使人们感到相当疲倦。

批判性地思考一下，技术恐惧负效应是客观实在的还是主观建构的？技术恐惧是特定情境下主体人的内在危机与客体技术负面效应的交互作用下产生的认知、情感和行为反应。有学者认为技术恐惧是以技术固有的负效应为前提，否定了技术的中立性；也有学者认为技术作为价值无涉，本身是没有负面效应的；还有学者认为更多可能是因为技术体系或发展阶段不完善的负效应，以及使用者对技术的不合理以及恶意破坏性使用带来的；更有研究者认为技术本质上是人与人关系的延续和投射，技术是恐惧的投射和替代物，根本上是人对他人、其他群体以及社会的恐惧。

技术恐惧作为人与技术的负相关关系可以改变吗？如何改变？也许有人认为，负相关关系中的子维度比如敬畏、谦卑等积极取向的内容，为什么不可以是人与技术的正相关关系呢？甚至在恐惧的上一级宏观的技术态度方面也可以呈正相关。但是在限定性的技术恐惧定义层面上讨论的时候，要承认负相关关系的客观存在并接纳和面对这种存在，而不需要掩饰或回避。

技术恐惧是一种存在，卡夫卡（Franz Kafka）强调"悬搁"存在，不需要分析原因，而仅仅关注觉察现象存在。[148] 芒福德提出了技术心理起源理论，认为技术起源于人的内在危机。所以对现代技术恐惧的认识分析，需要综合分析人的内在危机意识和技术负效应客观存在的交互作用。以计算机网络为例，技术不断完善的过程，就是恐惧不断增加的过程。技术越便捷，越容易依赖，越可能丧失主体性，从而带来新的危机。以人工智能为例，技术不完善的现象也必定引起恐惧，同时担心人工智能太完善而超越人类，导致丧失人类主体性的内在危机又形成了更大的恐惧。所以，技术恐惧是随着技术客体进步和人类主体内在危机变化而不断增加的。从总量上看，我们不得不承认伴随技术发展进步的福祉，技术负效应的客观存在和人类内在危机的主观意识也在同步增长并变得越来越多、越来越普遍、越来越严重。

但是技术福祉足以平衡负性效应，看看技术给人类带来的福祉，增强了人类的生存能力、控制能力，通过对自然规律的认识加快了自然改造，使交通便利、环境卫生等，都足以让人类高唱技术赞歌。人类无法否认技术带给人类的巨大改变，这些改变的最大受益对象也是人类。为保持这种最大的受益，技术仍旧需要加大发展，离开技术或者退回到没有技术的时代是不可能的。人类学会制造工具是人类作为高级动物的标志，也是区分人与动物的重要标志。人之所以为人，技术做了巨大贡献，在某种程度上，技术成了人性的延伸，构成人之为人的重要的组成部分。

反之，如果不平衡，恐惧缺失导致集体无意识和自我毁灭的死本能；或者恐惧过度导致没有发展进步出现倒退而无法获得技术利益，无法实现人类的自我解放和自由，也无法应对大自然以及技术本身负效应。技术的发展进步，并不是饮鸩止渴，而是螺旋上升和进步，这一过程中人类获得更多的自由和解放，同时也伴随着更多的技术恐惧，但是这些恐惧相对于人类的自由解放而言，终究只是副产品而已。

恐惧是人类生存的标志，没有恐惧就等于死亡。如果将一只青蛙扔进滚烫的水里，它会因为疼痛而恐惧，快速从滚烫的水中逃离出来。但是如果将青蛙放入温水之中，采用慢慢加热到沸腾的方式，避免激发青蛙的恐惧反应，我们会发现当水变得滚烫的时候，青蛙已经没有了逃离的动力和能力，也就是在恐惧缺失的状态下，不知不觉中奔向了慢性死亡。现代社会，太多的外在物质诱惑、饥饿营销、算法喂养背后都是技术在支配，并且让人沉溺和依赖，从而不知不觉被控制和支配而缺少了恐惧，进而丧失了主体性，失去了死亡威胁的感知能力和情绪反应，根本上说就是恐惧缺失导致的。"5·12"汶川特大地震的灾后心理创伤中，恐惧是一个基本反应，因为地震的巨大破坏性和丧失亲人的巨大哀伤形成了恐惧的阴云，笼罩在地震幸存者头上，让他们无法走出哀痛和创伤，也无法面对工作中的压力，更加无法树立积极的工作目标。[149] 人们因为灾难恐惧的影响，形成了强烈的恐惧体验感，以及行为上的回避性反应，这些恐惧不仅吞噬着人的身体健康，还影响着工作和生活，在人们对幸福美好生活的主体性追求道路上增加了障碍和困难。但是不可否认，恐惧也是一种生存方式，地震灾后的幸存者就是在恐惧中继续生活和工作，携带着恐惧，继续去追求灾后美好的新生活。

健康是一种动态平衡，生活、现代技术生活也是如此。如果不生病，就不知道健康的珍贵。如果不知道技术的威胁，也就不会珍惜技术带来的生活便利等福祉。其中发挥核心功能的仍旧是人的主体性，是否丧失主体性，是恐惧与否的重要标志。从心理咨询的视角分析，人到中年，逃避家庭压力，沉溺于工作或者其他物质性依赖中，事实上是通过这种方式达到一种心理平衡，平衡后就失去了动力和希望。平衡与不平衡的动态过程中，恐惧就是警醒人类的重要的资源和动力。反之，不破不立，正因为技术的风险打破了平衡，才形成了技术进步的前提和基础。不恐惧的时候，技术就没有了反向推动力，技术进步和发展的恐惧性动力就会消失，技术进步的步伐也就会消散和减缓。平衡与不平衡、恐惧与不恐惧、健康与不健康，都是动态关系中的模型。

1. 技术恐惧消解需要兼顾技术理性与人文性之间的平衡和张力

技术的使用者对技术后果负有重要责任，很多灾难都与直接或间接的技术使用不当有关。[137] 拦水大坝也是现代文明的一项重要的技术代表，用于调控河流水量，避免旱灾或水灾。但是，大坝不仅仅是修建好了，拥有了大坝技术就可以服务人类，因为对该技术的两面性认知不足，尤其是沉迷在拦水大坝技术的光环之中而缺少技术恐惧或敬畏的意识，以致当大坝面临溃堤、漫堤等风险出现的时候，拦水大坝带来的技术负效应可能更大。同样地，在大坝技术应用中缺少恐惧和敬畏，很可能难以预判风险，而这种未雨绸缪的人类风险意识可能比技术本身显得更重要。

这个意义上，技术理性与人文性之间的平衡和张力显得更加重要。近年来，暴雨较常出现，一些城市因为上游水库泄洪，导致主城区水位短期内大幅度上涨，给下游地区带来巨大的人员和财产损失。或许现代科技解决了拦截水的问题，但是新的问题是，为保护所谓堤坝的相关方利益，没有提前泄洪，于是紧急泄洪，导致城区下游被淹，如此仅绿化带的重新清理打扫恐怕就有数以千万计的高昂成本。这不也是拦水大坝技术物使用不当带来的负效应体现之一吗？原本提前泄洪，尽管堤坝有损失，但是于全城的损失风险而言，恐怕仅仅算九牛一毛。所以如何更好地建立与技术有关的决策管理机制，尤其是对所谓先进技术和技术物的治理方面，才是真正的不可或缺并可以消解技术恐惧。根本上讲，不仅仅需要技术理性本身，更需要人性的回归和人类文明的进步。

就技术系统内部循环而言，人们应该更加重视人类文明和技术的融合。当然，在技术的外部形态中，尤其是军事战争相关技术带来的安全感基础上，很可能发生所谓的技术竞争和压制，导致技术一方面因为竞争压力（恐惧失败的压力）获得巨大突破，比如阿波罗登月计划、空间站计划等，技术的发展进步根本上是技术人文性与技术理性的融合；另一方面也可能因为技术压制或被压制的冲突而出现技术伤害性，比如广岛长崎的原子弹爆炸伤害等，属于故意带给对手震慑等恐惧感利用过程，就是技术理性无法前瞻或预判技术破坏性而执行的缺少人文性的技术行为。

技术理性与人文性的平衡，才能消解技术恐惧负面效应，实现技术恐惧的正面价值。就技术恐惧未来的发展路径而言，在可以预见的科技支配的现代文明中，技术恐惧必定越来越多，不同主客体和情境的技术恐惧具有不同的价值，需要具体分析从而实现技术恐惧的价值重塑：科学家群体的技术恐惧可以促进和完善技术发展进步，公众技术恐惧可以保留传统的文化文明并构建科技"刹车"机制；对恐惧过敏人群需要适度降低恐惧感，提升技术利益和技术幸福感；对于技术狂热者，人们需要技术恐惧科普推进敬畏之心，预防无惧无畏的破坏性。[144] 技术恐惧是技术治理中的重要内容，要合理借助技术恐惧的存在合理性、广泛性、阶段性特点，完善技术治理，推动技术服务于人的终极目的性价值实现。[1]

2. 技术恐惧消解需要技术民主化治理

芬伯格认为技术应该具有初级工具化和次级工具化两个阶段。[15]

初级工具化类似于技术设计阶段，主要是对技术主体和技术客体的功能构成进行解释和描述；次级工具化类似于技术实施阶段，主要集中于在真实网络和设备的构成中实现技术主体和技术客体。[34] 现代技术与人和自然对立的根源在于技术被限制在"初级工具化"的层面[146]，只有恢复技术的"次级工具化"地位，重新定位技术，才能重建技术、自然和人的和谐关系，在新技术的调解下，人与自然将走向更高层次的融合。实现技术的再情境化，实现技术前进到自然的更高层次，需要技术设计的民主化和向社会主义的过渡。[15]

技术的研发不仅仅是从无到有的过程，更应该是一个从有到优的过程。所以，技术恐惧的对策主要是技术设计的人性化从而实现和谐的人与技术的关系。[10] 以 Windows 视窗系统为例，在此之前，计算机已经发展了多年，但是因为计算机的庞大和复杂，一般用户和公众很难操作使用 DOS 系统，也就是人们对 DOS 计算机系统的恐惧，阻碍了该技术的推广和进步。[150] 直到 Windows 视窗系统等新技术应运而生之后，计算机才进入千家万户，计算机技术的发展也才真正得到了创新性发展。因为公众的参与和技术设计的人性化，所以技术恐惧得以消解，技术被真正接纳，技术潜力得到了解放，老人、小孩等技术恐惧反应较高的人群也都能够更好地消除技术恐惧，接纳新技术。[151] 而正因为技术恐惧的消解，技术得到了人性化和民主化的新发展。

以苹果手机为代表性的移动互联网技术体系为例，诺基亚开发了塞班系统，虽拥有该技术，但是用户体验不够好，也就是对该技术的用户在使用过程中的不方便、焦虑感和恐惧感没有很好地调研分析和解决，导致公众对该技术的焦虑感和恐惧感无法消解，所以并没有真正接纳该技术及其背后的移动互联网技术系统。[152] 苹果则用技术体系的设计快速占领了市场，固然其有技术的领先，但是从另一个角度看，实质上就是用苹果 IOS 系统及其生态，消除了该手机技术使用的复杂性、不确定性、风险性等问题，消解了技术恐惧，所以公众对于该技术的接纳程度才更高。技术的生态中，不可或缺的就是技术研发者、技术使用者等不同群体对技术过程的参与，从而实现技术民主化的过程。[153]

比较不同群体发现，老年人对科技的恐惧程度更高。[150]因此，人们需要正确认识科技和老年人的科技恐惧。首先，作为一种正常的心理反应和社会现象[5]，接纳技术恐惧是每个人都可能有的正常反应，承认学习过程中技术恐惧的必然性存在，有了这一前提，才有机会直面恐惧，消解非理性恐惧，完成情感、情绪接纳。第二，要有积极的技术恐惧干预，通过学习了解新技术，评估技术的便捷性等利益和学习新技术的适应性困难和成本，做出积极的认知决策。第三，积极的技术行为尝试，即鼓励老年人每天学习一点新产品相关信息，积极接触和使用新技术，从简单的开始，积累积极的行为尝试和体验。第四，当技术压力或困难较大时，容许自己暂时放下，或者转移注意力进行调整以后，承诺自己下一次继续回归使用技术。老年人技术恐惧消解全过程，是让老年人参与技术研发设计、技术应用反馈、技术升级完善的全过程，当老年人群被纳入技术民主化的过程中时[151]，技术与老年人群体的对立性就得到了缓和，技术负效应带给老年人的恐惧感也就得到了消解。

技术科普是技术恐惧负效应消解的重要内容。技术恐惧负效应固然存在，但是在具体的层面上，负效应的大小、周期、程度都是具体的，而不是抽象的破坏性风险。所以消解技术恐惧负效应的最好方法就是打开技术黑箱，展示具体化的技术负效应，让老百姓看清楚技术负效应的边界，区分负效应在多大程度、多大范围、多长时间内发生，及其动态变化的规律，避免恐惧情绪固着不变或者无休止的非理性膨胀。科普、透明、具体是技术恐惧负效应消解的主要方式。

技术民主化治理如何消解技术恐惧呢？这可以从两个方面来理解。第一，民主治理，如何应对公众的技术恐惧？主体性视角下，民主就是协商治理。如果公众害怕小风险，民主治理将使用自己的计划来消除公众的恐惧。协商治理避免了民粹主义在毫无根据时成为公众恐惧的牺牲品的趋势；相反，它采取了一种保护机制来遏制公众恐慌。如果公众不担心实际的严重风险，同样的安全机制将被激活，并高度重视科学和专家意见。所以民主社会和民主化治理过程中，人们的反思性价值占据上风，这些价值正是恐惧消解的关键。第二，即使是运行良好的民主，也无法达到完全理论化的一致，不是试图在是非的高深理论上，而是在实践中，在不同的人群趋于一致的低层次原则上寻求一致。因此需要避免回答这些分歧和争议性话题，相反，通过技术民主化治理找到全社会意愿和要求的最大公约数，寻求不同的人可能同意的解决方案。

综上，技术民主化治理是初级工具化到次级工具化的过程；社会主义制度化将技术主体和技术客体统一，技术设计的民主化保证了技术代码中利益的多元化，也保证了技术设计对生态价值和人文价值的考量，技术不再对抗自然也不再与自然割裂，实现技术前进到自然。

3. 技术恐惧的消解需要勇气和希望

当下的恐惧，即此时此刻的恐惧，才是真实的。此刻的恐惧是对过去或者未来的死亡本能的反应，也是人类主体性面临生存威胁的反应。

如何消解当下恐惧呢？那就是昂首挺胸，阔步向前。人们如果局限在当下的恐惧之中，就无法继续前进，对恐惧的恐惧会不断叠加，导致行动的可能性越来越小。相反地，如果我们抬头挺胸，勇敢面对未来的希望和目标，聚焦于未来，那就会忘却当下的恐惧情景，也就不会身陷于当下的恐惧之中，更不会因为过去的恐惧带来叠加效应。当人们获得了继续前进的方向、目标和动力的时候，恐惧就成为当下或者过去，无法对我们形成干扰或阻碍，在这个意义上，恐惧便得到了消解。

以高空玻璃栈道为例，以人们此时此刻的视角看脚底下的万丈深渊的时候，难免会产生恐惧感，因为人类的生本能中保留着对不安全的强烈觉知，会形成恐惧反应从而更好地逃离危险情景。但是，现在我们必须直面通过高空栈道并抵达栈道尽头的目的地这一任务，或者在这一任务目标和希望的导引下完成任务。于是，有的人就会畏畏缩缩、不敢前行；有的人天生不会恐高，所以毫无难度地通过；更有一部分人，虽然看到万丈深渊的时候内心充满了恐惧，但是他们的理性判断这条栈道是安全的，不安全的是自己的内心，恐惧感占据内心，是因为视觉信息输入了万丈深渊这一不安全的信号从而将其加工为恐惧。所以，第一，如果没有看到万丈深渊的视觉信息，恐惧就不会缘起；第二，如果我们可以聚焦栈道尽头的未来目标和方向，就能够放下或者忘却过去的高度恐惧的经历，又或者免于激活相关信息带来的恐惧叠加；第三，行动起来，带着恐惧前行。在第一、第二步的基础上，恐惧已经得到很大程度的消解，即使尚有部分恐惧留存，也不足以阻挡我们继续前进的脚步，我们也不能期待完全没有恐惧的绝对状态。

所以，当对未来向往的动力大于过去或当下恐惧的束缚时，我们就可以行动起来，带着恐惧前行，恐惧便成了我们前行的附属物，甚至服务于我们前行过程中的风险识别系统，而不再是拖累我们前行脚步的绊脚石。也正是在这样的交互关系下，我们才得以对人类前进发展中的附属物恐惧进行更多的观察、研究、接纳、转化、升华，进而将恐惧转化为一种驱动力，实现更好的发展进步。

这个时代是一个恐惧常态化的时代，恐惧成为驱动现代社会发展进步的动力。弗雷迪认为恐惧是推动全球运转的隐藏力量，并专门为此著书立说。[3] 但是，正因为这个时代的恐惧成为常态化的存在，且越安全越恐惧，所以要想更好地消解技术负面效应带来的恐惧，我们就必须引入新的力量和资源。爱、勇气和希望是技术恐惧消解的三大积极心理资源。技术恐惧让人们远离危险，并孕育新希望。其中最基础和最常态化存在的，就是爱。爱是疗愈一切的力量，所以它也是消解恐惧的最佳资源。技术负面效应带来的恐惧，并不会随着技术负面效应的减少而同步减少，往往有一个延迟的过程。一旦技术负面效应带来的技术恐惧被再次激活或唤起的时候，恐惧程度很可能就会加倍，甚至激活恐惧创伤，进而演化为恐惧泛化，刺激逃避行为或者破坏攻击行为。这个心理行为过程如何打破，才是消解技术恐惧的根本。爱是深深的接纳，尽管技术有风险，但是我们仍然选择接纳技术，温和地爱着技术，也就是说爱着技术的积极面，同时也就需要接纳技术的消极面，才是真爱。如果一面想要技术的福祉，另一面却充满恐惧，我们便无法真正在爱的前提下与技术和平共处，也很难形成真正的人与技术的和谐稳定的关系，因为没有了爱的根基。现代社会是一个技术社会，我们对技术负面效应的接纳，就是对技术之爱的合理表达。另一个层面上，也只有更好地开发利用人工智能技术，我们才会孕育对技术未来发展的新希望。

一切变化，都可能带来本能性的恐惧，永恒性的技术恐惧也因此而生。人类可以让恐惧存在着，通过恐惧找寻到技术风险降低和技术完善进步与创新的新机会。计算机拟人化很难突破，人们会害怕技术无法助力于实现真正的人工智能，但是基于交互论的尝试，为技术创新提供了新的方向和可能，指明了技术发展进步新的通路。这种恐惧本质上无法消解也无须消解，只能与之共生共存。施克莱（Judith Shklar）将恐惧道德化，想要利用恐惧实现团结民众，其前提是大量民众认识和感受到恐惧，其中的巨大风险是充满恐惧者很可能会退出公众生活，而不是积极主动参与并实现团结。[154] 技术负面效应带来的恐惧，同样可能影响公众远离技术，并进而远离以技术为代表的公众生活，把自己置身于孤立的境地，与技术分道扬镳的同时，让自己陷入被技术抛弃而无法继续融入公共生活的被动境地，因此社会支持不断减少，甚至产生越来越多的恐惧。

贝克（Ulrich Beck）悲观地认为，现代社会是一个信任与信仰丧失殆尽的时代，人类共同的恐惧，已经成为最后一种建立新纽带的资源。[155] 这样的社会中，人们不再关心如何获得美好的事物，而是关心如何预防最坏的情况，因此阻止了人类积极发展的未来愿景，消除了围绕前瞻性目标构建社会纽带的可能性。那么恐惧为何具有如此大的牵引力呢？如何消解技术时代"至恶"的技术恐惧，进而释放人类追求"至善"的冲动呢？未来还需要更多的研究和探索。绿色政府和生态政府，也有助于消解技术恐惧。政治人性化和绿色政府是消解技术恐惧的政治保障。[156] 他们致力于解决技术发展带来的人身伤害、社会民族矛盾、生态环境问题，这能够缓解人们对技术事故、生态灾难和人类前途命运的担忧，起到消解技术恐惧的作用。

勇气是对恐惧的对抗。在技术负面效应带来的恐惧面前，我们越胆小怯懦，技术恐惧就越强大。相反地，我们越有勇气，就越有对抗恐惧的力量。勇气是人类的积极资源，勇气有助于击溃困难。在面对技术的负面效应的时候，勇气不会让我们退缩，不会让我们承认失败，勇气会让我们更加坚强，也会让我们再次接近技术的负面效应，勇气让人类更好地观察和认识技术恐惧，进而更加勇敢地对抗和破解技术的负面效应，实现对技术负面效应的约束。面对技术的未知和不确定性，我们往往畏缩不前，唯有勇气，才会真正推动人类前进的脚步。面对技术的破坏性和风险性，人类更需要勇气支配我们的行动，去修复被破坏的世界，并带着勇气去预防和控制风险。

希望，是一种站在未来的召唤，希望之光照见的地方，恐惧的阴云便被驱散。始终对技术怀有希望，对人类怀有希望，透过技术的负面效应的恐惧阴云，找寻和发现技术不断完善升级、技术不断发展进步的希望之光，用人类主体发明的新技术，来实现技术服务于人的目的性价值[1]，让人类更加健康、快乐和平安。而没有了希望，我们就会被恐惧感染，陷入无休止的恐慌之中，就会丧失人类终极的自由解放的目的。

技术恐惧的终极目的和价值，指向自由和解放。技术服务于人，技术的负面价值也是技术的一部分，尽管会带来恐惧，但作为技术的组成部分，其仍然应该服务于人。人是主体，主体追求的终极价值是自由和解放，而不仅仅是幸福和快乐。幸福和快乐如果是用自由换取的，那也无法持久，反倒会带来更多的恐惧。只有自由和解放才能带来真正的幸福和快乐。所以技术恐惧的终极目的和价值指向服务于人的主体性，也就必然指向主体性的终极要求：自由和解放。反之，如果技术背离了这个终极目的，就破坏了人与技术的关系，技术的客体性对于主体而言也就没有意义了。失去了客体性价值的技术，最终也就面临着被人类主体性抛弃的命运。但是事实上，我们仍然相信人类的自由和解放等主体性是可以借助技术手段实现的，技术本质上服务于人的自由、解放，即使有技术的负面效应及其引发的恐惧，但是并不妨碍技术恐惧指向自由和解放的终极价值。所以，技术恐惧终究可以在人类追求自由和解放的主体性历程和目的性价值过程中得到消解，并更好地发挥正面价值。

（二）技术恐惧正面价值的强化

克尔凯郭尔认为，恐惧是朝向拯救的一种手段。[10] 技术恐惧作为技术发展进步的反推力，可以促进技术完善，弥补设计缺陷，实现技术人性化，推动技术变革和进步。此外，在交互情境中，其有助于完善健全技术体系，缓解环境危机与社会危机，识别技术带来的环境风险和社会风险，实现更好的技术治理。

技术恐惧作为对人与技术关系的特定心理和行为反应，不仅是一种心理现象，更是一种社会文化现象，是当代技术社会中的一种存在状态。现代技术不仅像哈贝马斯所说的那样作为意识形态存在，而且作为一种在社会日常生活中起主导作用的力量而存在[10]，这种支配性的权力存在往往会对人类主体性形成冲击并引起主体性不安全感或恐惧感。作为人类对技术负面效应的反应，技术恐惧既包含技术的未知性、可变性、不确定性、风险性、复杂性等客体性属性，又包含人类主体性反应。此前对技术恐惧的价值分析大多聚焦在技术恐惧负效应，缺乏明确系统的技术恐惧的正面价值的研究。马克思认为，恐惧是作为主体对客观实在的主观能动反映，是人类实践理性的特殊存在样式。技术与人的交互关系中，技术作为客体，人作为主体，二者交互作用。技术负效应是负性的客观存在，但是作为主体性反应，技术恐惧既可能是积极或理性的，也可能是消极或非理性的，所以技术恐惧的价值也就相应地具有了正向性和负向性两种特征并存的特点。技术恐惧作为人与技术的特殊关系，在当今时代普遍存在，迫切需要通过辨识技术恐惧蕴含的正面价值，以更加积极辩证的态度重塑技术恐惧的正面价值，破解"越安全越恐惧"的悖论和"对恐惧的恐惧"的困境，在人与技术的积极互动中，从客体性视角解析技术恐惧对技术发展进步的积极意义，并从主体性视角解析人类从被动技术恐惧走向主动技术敬畏的积极价值，通过主客体性的交互作用，最终推动技术服务于人的目的性价值回归。[1]

恐惧是人类进步的动力。人在与自然的相处过程中，不断因为安全恐惧，发明、发展工具，强大了自身。现在新的人类社会中也有很多问题，因为少有对社会的恐惧，所以社会的进步变革不大。技术，互联网技术、核技术等，在人与自然、社会和技术世界或环境中，会带来安全感的缺失，会不断发现新的缺陷、问题、漏洞等，这些恐惧感也会成为技术不断发展完善的动力。[93] 所以，技术恐惧根本上是技术进步与完善的动力，不是技术发明和创造的变革的关键，而是技术完善和技术服务于人的关键动力。如果没有技术恐惧，就不会有技术完善。没有对原子弹技术破坏性的恐惧，就不会有和平利用核能的核电站；没对计算机安全的恐惧，就不会有漏洞修复。总体上，人与技术的相处关系，就像人与自然一样，是在恐惧中前进。

可是，人类对大自然的恐惧已经越来越少了，因为人类的力量已经越来越大，认识了自然甚至在一定程度以"征服"自然为目标。所以人类与自然的相处中，天平开始向人类倾斜；或者说，人类与自然的相处中，已经通过技术比较好地实现了积极应对，比如应对洪水、旱灾等，实现了人与自然关系中的恐惧减少和安全增长。另一方面，按照能量守恒定律，这是否意味着在大自然那里减少的恐惧，可能会在技术这里得到再现呢？如果在技术发明之前的恐惧都是大自然恐惧，那么技术发明之后的恐惧来自哪里呢？或许就是来自从大自然恐惧中转移出来并以技术恐惧形式存在的部分。

那么在人与技术的关系中呢？首先，其可否类比为人与自然的关系？必须存在层面上，自然是存在的，技术也是存在的，技术物是存在的，技术规范和流程也是存在的。这个意义上，人的存在与技术的存在相辅相成，是一种共生关系，具有极强的交互性。人与自然的交互性和人与技术的交互性是类似的，所以具有可比性。其次，人与自然关系中自然恐惧的纵向和横向比较，同人与技术关系中的技术恐惧进行类比研究。人与自然关系中的自然恐惧，随着人类力量的增强和存在性的增加，表现为人的强力意志，在日常生活中的一般性自然灾难，比如洪水、旱灾、台风等，已经不如以前那么容易带来恐惧，也已经有了有效的应对方法，所以呈现出常态化恐惧减少的特点。但是对于难以预知和无法有效应对的突发性灾难，将会导致恐惧感的快速增长和疯狂蔓延，自然恐惧指数倍增长。

那么，对于技术而言，技术恐惧是否也如此？常态化的技术，随着人类适应性增强，对新技术的开发、使用、接纳以及完善等越来越多的情况下，技术恐惧总量呈下降趋势。但是，人类发展或者人与生俱来的恐惧是不可或缺的，所以仍旧会有技术恐惧的局部爆发式增长。比如核技术、转基因技术、计算机技术引起的核泄漏、基因编辑婴儿、网络安全瘫痪、智能电网瘫痪等风险问题事件的爆发，会形成对技术恐惧的高爆发形态。反之，公众缺乏技术恐惧，比如基因编辑婴儿事件，但是特定的科学家人群却必须保持高度的技术恐惧感，才能唤醒伦理责任，为当下和未来的人类负责任。

1. 技术恐惧的正面价值强化是对过往、当下和未来技术恐惧的理性认知

技术发明的速度、应用转化的速度，需要在一个合理的区间内，从而实现人与技术的整体和谐关系。如果技术发展速度与人类接纳不匹配甚至严重冲突的时候，就会产生技术恐惧。技术恐惧正面价值有赖于对技术恐惧程度的科学评估。在当下和未来的关系中，未来是多久，是十年，百年还是千年？如何评估？责任部分如何预测？失去责任，失去风险意识和技术恐惧，才是最可怕的。因此为了防止人类在技术之路上失去风险意识，走向末路狂奔，合理的技术恐惧是必要的。但是技术恐惧的程度是动态化的，如何在预防和消解不合理的非理性技术恐惧的同时，发挥技术恐惧的正面价值呢？

过往的技术负效应的体验会形成技术恐惧并持续存在。过往的技术恐惧在彼时彼刻或许是合理的反应，但是把过往的技术恐惧一成不变地移植到此时此刻，与当下已经发生改

变的技术和技术情景相结合，这样的过往技术负效应的体验，还是在合理的技术恐惧区间吗？过往已经发生和觉察的技术风险，可能导致技术恐惧夸大，以至于抵制手机、网络、5G技术等。这可能被界定为过去式的技术恐惧，需要加大科普传播和适应性培训，帮助过度技术恐惧的人群跟上技术时代，避免被时代抛弃或遗忘，可以共享人类技术成果和利益。如果让这部分人因为过去的技术风险，而否认现有的技术进步和完善，技术便捷和技术利益，甚至让这部分人长期生活在对过往技术负效应恐惧的"困境"中，那是不应该的。

当下的技术恐惧，是指自己亲历的人与技术的交互性困境下的，具有身心情绪卷入的真实的技术恐惧。比如因为环保问题抵制化工项目落地，因为失业风险而抵制机器等。这需要技术利益与技术风险的综合权衡，需要改变原有的技术方案并进行完善，或者把技术推进的速度降低到利益相关方可以接纳的程度，在人与技术的交互过程中，实现参与式的技术治理。利益平衡是一个重要的内容，参与式是一种重要的模式路径，技术变革完善和成本投入是不可回避的技术关键点。

对未来的技术风险预测和责任担当，是当下技术恐惧的难点。因为难以界定未来的交互性要素和变量，所以难以评估针对未来的技术恐惧是否合理。这个部分更多的是科学家共同体的高瞻远瞩，在更加宏观和更高的人类层面和未来视角进行技术的自我否定之否定，从而实现技术恐惧反向推动技术进步。共同体内部的保守派和激进派需要对话，技术信息需要开放和透明，在技术与人的关系中实现真正的平衡。

解剖医疗技术、试管婴儿技术、人体假肢、人工智能的逐步应用就是如此。但是对于克隆技术、基因编辑技术的应用，科学家共同体承担着伦理责任，本质上是一种对技术这一潘多拉魔盒的敬畏和恐惧之心，避免其带来不可预料的人类毁灭的风险。

正确地认识和理解技术恐惧，需要区分过往的恐惧和未来的恐惧，区分二者与当下技术恐惧的差异，形成理性的技术恐惧反应，避免恐惧情绪过度夸大或者泛化。在此科学认知和区分差异性的基础上，人们才有机会接近技术恐惧，尊重并发现技术恐惧的规律和价值，一方面处理当下技术恐惧的负效应，另一方面借助过往和未来的技术恐惧，对技术和人的辩证关系进行积极的反思，接受技术恐惧的警示功能和责任呼唤启示，而不是因为恐惧而将其拒之千里以外的消极应对。

2. 技术恐惧的正面价值强化是对恐惧的积极接纳和科学管理

所有恐惧的经历，最终都变成了可以帮助他人管理恐惧的方法。只有相信直觉、正视恐惧，我们才能让恐惧在危险的时候发挥作用。人们感受到恐惧和危险之间微妙的关系，恐惧伴随着危险而来，然后它可以让你远离危险。掌握恐惧给你的礼物，为了自己，为了所有你爱的人，善用恐惧，远离危险，把技术恐惧作为对技术负效应的中性反应，学会利用这种中性反应的积极启示，实现人类的自我保护和韧性成长，并实现技术的发展进步。技术恐惧不是一个关于要不要技术的问题，而是如何更好地应用技术使之服务于人的目的性价值的"怎么办"的问题，因为要想让人类退回到没有技术的时代是不可能的。

许多恐惧的信息都很有价值，只有接纳恐惧才能发现恐惧背后的积极价值。事实上，人们越害怕一件事，隐藏在其背后的信息就越重要。从这个角度来看，许多恐惧不需要克服。相反，人们可以冷静下来，倾听恐惧，从而找到人们害怕的暗示。人们最害怕的可能隐藏着人们生活中最关键的答案。了解自己的处境比匆忙做出一些改变、逃跑或反抗更重要。因为如果你能很好地倾听自己内心的声音，便会自动找到更好的答案，好的变化会自然而然地发生，因为你愿意做正确的事情。从这个角度来看，恐惧的独特价值在于，只有恐惧才能强烈地提醒你什么是最重要的。[157]

遗憾的是，现实中人们缺乏对恐惧的积极接纳和科学管理，往往因为恐惧而变得惊慌失措，急于做出应激性的逃跑或战斗反应，反倒错失了对恐惧本身的观察接纳，错失了聆听内心声音和找寻恐惧消解答案的机会，也错失了发现恐惧背后价值的机会，错失了将恐惧转化为动力的契机。如此，恐惧将不断发生，也将越来越强烈地袭击人类。反之，只有接纳了恐惧，阻断了对恐惧的恐惧，我们才真正成为恐惧的主人，既可以利用恐惧的积极启示和价值，又从根本上实现恐惧负性情绪的消解。

科学管理可以把技术恐惧转化为行动的最强原生力。你之所以拖延，之所以我行我素地按照不良习惯做事，是因为你没有仔细考虑过其将造成的伤害，感知不到具体的细节。

当你脑海中没有预想的灾难，那么你的意识趋向于认为灾难不存在。比如，不爱运动或想运动却不能付诸行动，主要原因是没有认真想过或感知那些久卧病床、生活不能自理、因病痛生不如死的细节，人们对将来因陋习而致的严重后果感知越清晰，就越有利于做出向好的改变。所以，对未来未知和不确定抱有畏惧，是激发当下行动力的较好尝试。这种恐惧感太强大可能导致僵化反应，因此个体也要更加注意应对方式，而不是陷入简单的木僵状态或者攻击破坏、逃避逃跑状态。以积极取向的反应，激发动力面向希望，对技术恐惧进行科学的管理，与恐惧结伴，携带着恐惧前行，促进人类自身的韧性能力成长；进而向着恐惧的反方向的目标勇敢前行，在技术恐惧反方向上实现技术的创新突破和发展进步，最终才会实现人与技术的整体和谐，技术服务于人的目的性价值才能很好实现。

3. 技术恐惧的正面强化实现是一个由内而外、从被动到主动的过程

技术恐惧作为外在表现，需要激发内生的自我认知，进而转化为技术发展和人类进步的动力。从主体性自我认知开始，自我接纳、自我谅解和自我同情都可以帮助人们消解恐惧。如果因为恐惧而放弃，可能导致更多的堕落行为，比如感到羞耻、罪恶、失控、绝望等，导致人们陷入放弃、无力、回避的旋涡中无法自拔，形成破罐子破摔的"那又如何"的困境。

所以，如何打破这样的循环呢？自我原谅，自我接纳，

自我和解。在第一次陷入恐惧后，告诉自己"我的减肥计划已经失败了，所以我使劲儿吃彩虹糖又有什么关系呢"或者"每个人都有放纵自己的时候，不要太苛责自己"。路易斯安那州立大学研究发现，自我谅解可以取得巨大的成功，摆脱内疚不会让他们沉迷于考试。内疚不一定会促使人们改正错误，但抑郁会让人们屈服于诱惑。

此外，有研究发现，当个体遇到麻烦或挫折时，自我同情比自我批评会使人更愿意承担责任，更愿意接受他人的反馈和建议，从而更有可能学习和获得一些东西。这个意义上，乐观的悲观主义者更有可能成功。乐观面对技术负效应带来的悲观影响，尊重并接纳技术恐惧的客观存在，才可能获得技术恐惧的启示，倾听到技术恐惧的反馈和建议，从而带领技术走向服务于人的目的性价值的更好实现。

有这样一个哲理小故事，如果从外部打破鸡蛋，它就是食物，但是如果鸡蛋是从内部打破的时候，就意味着一只小鸡孵化出来了，鸡蛋的生命力价值得到了最大化彰显。回到比尔·盖茨的案例，并非说微软公司可以一意孤行，也并非说技术垄断就是正确的，但如果技术恐惧走向内在的技术敬畏，产生一种包含爱、向往和巨大激情的敬，以及由内而外的畏，形成现代技术发展中的真正技术敬畏，或许是一种新的技术发展与治理体系，可以形成一种技术可持续发展的技术敬畏结构模型，推动技术健康、科学发展，形成速度可控、方向正确、技术利益分配均衡合理的技术体系。

技术恐惧思维的正面价值在于质疑技术进步完全等同于社会进步的乐观偏见，将修正技术发展路径，形成社会公众的技术态度，制定科技政策和产业政策，促进科技与社会的协调发展。约纳斯认为，对技术的恐惧不是因为人太渺小，而是因为人太伟大。重拾恐惧智慧，加强技术风险管理，就是要约束和引导技术的发展轨迹，更大程度上实现从恐惧中解脱，让人们在技术世界中获得更多的安全感。

根据约纳斯的恐惧启示法，技术恐惧在四个方面表现出积极意义和正面价值。[19] 第一，保持警醒、唤起危机感，抱有对危机的恐惧感，首先有助于避免风险，可以帮助人们远离危险，保护自己免于受到更大的伤害。第二，丰富人们情感上的经历和体验，从而增加人们的心理韧性和承受能力。第三，反向动力可以帮助人们走出困境，在"与狼共舞"的过程中提供反向推动力，预测风险并控制、降低风险，推进技术发展进步和创新，借助技术辅助自己，成为自己的主人，遇见更好的自己。第四，服务于人的目的性价值，帮助人类实现真正的自由、获得希望和信心，在恐惧中笃定前行，从恐惧走向敬畏。[16]

技术恐惧作为长期伴随人类技术进步的社会现象，理应受到学术界的关注和研究。对技术恐惧的哲学研究，不是唤起人们对技术的恐惧，也不是试图消除技术恐惧，而是通过深入分析和模型构建，以独特的视角揭示人、技术和社会之间的关联机制和互动关系，从而推动技术更好地服务于人和社会的发展。在人的内在危机与技术负效应交互作用下，技术恐惧的负面效应和正面价值不断显现，让人们对技术产生既爱又恨的矛盾冲突情感、态度和行为，在唤醒风险、警醒人类的同时对人类自身的幸福美好生活也带来了冲击，因此探索技术恐惧的价值整合具有重要的理论价值和实践意义。

（三）价值整合：技术正负效应的中和与平衡

德国诗人荷尔德林说："哪里有危险，哪里就有拯救增长的地方。"[158] 科学技术不断逃离他们的控制，成为社会生活中最危险的因素之一。但是人们渴望科学技术的不断进步，这可以给他们的生活带来更多的福祉和便利。当然，人们也总是希望回到不可复制的过去，人们赞美过往的"自然"生活，这种生活只是为了怀旧，并不是真正的美好，因为我们已经无法拒绝技术，也离不开技术带给人类的福祉，如果人们真的回归到没有技术的"自然"生活，我们又会情不自禁地怀念我们失去的技术。所以我们不应该像卢德主义者那样简单地粉碎服务器和计算机，我们想要拒绝技术的阴暗面，但是却无法拒绝技术本身。技术兼具服务于人和背叛人的两面性，这决定了技术的正负效应有待整合。

技术恐惧作为特定情境下人的内在危机和技术负效应的交互作用的反应，兼具正负效应。技术恐惧负效应延迟了技术的发展、推广，阻碍了技术进步，同时对个体而言，恐惧作为负性情绪又对个体的健康有害。消极情绪的破坏、瓦解作用，恐惧会对操作行为产生负面影响，让人们拒绝、逃离或者排斥技术相关行为。相反地，恐惧作为一种情绪，对人具有适应、组织、动机和信息沟通等积极功能。技术恐惧的积极功能具体表现为适应性保护，组织身心资源积极应对，激活注意力唤醒身心反应，激发反向动力形成积极行为，传递风险信号等。

　　技术恐惧作为一种客观存在，需要整合其负面效应和正面价值。一方面，承认技术恐惧的负效应，认识到技术恐惧负效应在客体性、主体性和文化性三个方面的具体表现和根源，不否认或回避技术的负效应，进而找寻技术负效应消解的路径，这就实现了技术恐惧负效应的消解。另一方面，技术恐惧虽然是对技术负效应的反应，但是这并不能否认其正面价值，技术恐惧的正负效应是一体两面、不可分割的。传统的技术恐惧被视为消极不好的，现代意义上的技术恐惧则具有积极的正面价值，通过强化正面价值，可以实现技术恐惧对技术发展的反向推动功能，实现技术的创造性发展和创新性转化；同时也实现对人类脆弱性被动保护和韧性成长的主动防护，实现技术恐惧的主体性"双防"。

　　只有实现技术恐惧的价值整合，才能更加科学地认识、理解人与技术的关系，消解技术恐惧负效应，强化技术恐惧正效应，实现正负效应的中和与平衡。反之，如果想要完全拒绝技术负效应，我们最终会拒绝整个技术，就好像倒掉婴儿洗澡的脏水时把婴儿一起倒掉一样；同样地，也不能因为这盆水洗干净了婴儿的正效应，就保留这盆脏水，我们在接受技术恐惧积极启示的同时，也要对技术恐惧的负效应有清醒的觉察，避免恐惧的负性情绪反应带来的阻碍技术进步或伤害生理健康等问题，真正实现技术恐惧的价值整合，构建科学的人技和谐关系。

四、价值升华与重塑：
从技术恐惧走向技术敬畏

前文在分析技术恐惧的主客体性价值的基础上，对技术恐惧负面影响消解和正面价值强化进行了价值整合分析，还需要进一步对技术恐惧的价值进行探索，尤其是从根本上消解技术恐惧，并走向技术敬畏，其实是一个价值升华和价值重塑的过程。

对技术的敬畏有着丰富的内涵：敬技术，推进技术发展；敬生命，推进人的目的性价值彰显；敬自然，推进绿色技术和可持续发展。畏技术，避免过快过慢的节奏违背人的目的性价值；畏死亡，才会珍惜当下，奋发推动技术进步和实现生命价值，并不作恶、不害人；畏自然，技术发展才有边界和禁区，抱有对未知部分的敬畏之心，避免人类中心主义的妄自尊大。

（一）从恐惧到敬畏，是化被动为主动的主客体双向交互过程

敬畏，是指既敬重又害怕，它包含爱与惧两个元素，并且是相互平衡的整体，因为心存敬畏，所以行有所止。

通过对技术敬畏的辩证分析可以发现，敬技术，才能推动技术发展；敬生命，技术服务于人的目的性价值才能得到彰显；敬自然，才能开发绿色技术并推动技术可持续发展。另一方面，对技术抱有畏惧，才会避免过快过慢的技术发展节奏和速度，避免技术发展速度与人的接受和适应度相违背；畏生命的死亡及其相关技术，才会珍惜生命技术的完善和进步，实现生命价值，并约束和限制技术可能产生的作恶害人等破坏性风险；畏自然，技术发展才有边界和禁区，抱有对未知部分的敬畏之心，避免人类中心主义的妄自尊大导致的人与自然的平衡关系等遭受破坏，避免生态灾难甚至人类的毁灭。

技术恐惧的正面价值实现路径中，包含着对技术负面效应的敬和畏两个重要组成部分，二者缺一不可。人与技术的关系从恐惧走向敬畏，包含着从单向的消极被动关系到双向的积极主动的主客体交互过程，是畏与敬的系统化平衡。恐惧始终是一种负性情绪行为反应，对身体有伤害，对关系有破坏。增加了敬的主动性，人们就不仅仅是回避逃跑或者攻击破坏等负面反应，还有向往和希望方向上的积极反应，形成了一种畏与敬的辩证平衡的主客体交互关系。如果人们对这个世界丧失了敬畏，就会导致人们对之充满了恐惧；然而当人们主动敬畏，事实上就化解了被动恐惧。所以技术恐惧作为对技术负面效应的被动反应[10]，是因为人们缺乏对技术主动的敬畏；如果人们对技术做出主动敬畏的反应时，对技术负面效应的恐惧的负性价值也就得到了消解，正面价值自然就有机会更好地实现。

从技术恐惧到技术敬畏，是一个负责任的主客体交互过程。弗雷迪从技术责任视角指出，有些情况下，恐惧被描述为明智和负责任的行为；其他情况下，恐惧被谴责为懦弱或非理性的行为。[4] 技术恐惧可能产生对技术的倒退或者破坏攻击等非理性的行为，但是另一面，技术恐惧也可以是一种明智和负责任的行为，这种负责任和明智背后是一种主动性而不是被动性。现代科学技术具有兼善兼恶的双重属性，技术恐惧作为针对技术"恶"和"罪"的认知行为上的恐惧反应，是一种理性智慧层面对技术风险和不确定性的"明智"，也是对消解技术负面效应、减少被动恐惧和增加在敬畏等负责任技术行为的起点。所以技术恐惧是一种包含着明智和负责任行为的技术现象，通过从被动技术恐惧走向主动技术敬畏的负责任的主客体交互过程，技术恐惧的正面价值得以重塑。

（二）从恐惧到敬畏，是在技术客体性中追求技术的真善美

在技术的客体性视角下，从恐惧到敬畏，就是面对技术负面效应的时候，还要相信技术蕴含的真善美的力量，还要对技术中蕴含的真善美抱有"信仰"，这一信仰中包含着对技术的爱、尊重、信心和希望。正因为技术负面效应和技术恐惧的存在，所以呼唤人们进一步开发和挖掘技术的真善美，让人类享受到更加充分的技术利益。

克尔凯郭尔认为，恐惧是"通过信仰来进行拯救的拯救者"[50]，强调了恐惧的积极价值和正面意义在于拯救。技

恐惧是通过对技术信仰进行拯救的拯救者，也蕴含着从恐惧走向敬畏的过程。虽然技术具有不确定性和风险性等负面价值，但是技术在人类社会发展历程中已经发挥着越来越重要的作用。想要否定技术、阻止技术或者使技术倒退而同时实现人类的发展，是不切实际的。从恐惧走向敬畏，坚持在风险和不确定性中追求技术的真善美价值，既要通过技术风险去催化技术的创新性转化，又要通过技术的不确定性和未知性去促进技术的创造性发展的"敬"反应。

与此同时，在追求技术真善美价值的过程中，依旧保持对"两创"技术可能带来的新的不确定性和风险做出积极恰当的警觉性"敬"反应，通过敬和畏两种元素的动态交互，实现平衡制约并形成整体稳定的"技术敬畏"，进而借助技术真善美的价值更好地服务于人。

（三）从恐惧到敬畏，是在人类主体性中探索人类希望与自由

从人的主体性角度分析，从恐惧到敬畏，既是对人的脆弱性和恐惧本能的充分尊重和安全抱持，更是对恐惧消解后的人的主体性自由的充分释放和发掘，是人对真善美终极价值追求的重要体现。在现代技术社会，只有学会和尊重技术恐惧，才不会因为"没有技术恐惧而迷失自我"盲目发展技术，也才能够真正避免"身陷技术恐惧之中"而无法自拔导致的技术发展停滞和阻碍。因为恐惧，所以创新技术，控制不确定，减少风险，因而解放人自身，获得自由、快乐、幸

福、安全。这个意义上，技术恐惧之中蕴含着自由，也引导人们走向自由。

现代科技的高速发展，可能给人类造成了一种错觉，即什么都是可以控制的，什么都在人类的控制之下，这致使人类无所畏惧。然而，人类越无所畏惧就越会感到恐惧。人类以为自己战无不胜了，可是一次大地震或海啸就可能完全摧毁人类的自信，人类由此感到深深的恐惧——原来人类在自然面前始终是这么渺小，这么不堪一击。约纳斯认为，人们保留了一定的技术恐惧，以期从中得到启发，加强技术风险管理，约束并引导技术发展轨迹，更好地实现免于恐惧，增强人们在技术世界中的安全感。[19] 只有当人们知道某些东西处于危险之中时，他们才会意识到危险。因为在当今时代，人类有能力毁灭未来，人类目前所肩负的巨大责任也正在于此。约纳斯提醒人们，只有重新唤起对神圣事物的敬畏和恐惧，我们才能有效地阻断人们风险性的越界行为。[10] 通过对技术负面效应的积极应对，进而提升人类的主体性自由和希望，实现人类更好的未来图景。

无论在个体、群体还是人类层面上，从恐惧走向敬畏，都是脆弱性走向韧性的过程中对人类希望与自由的进一步探索，也是技术服务于人的目的性价值的最好体现。

（四）技术恐惧的价值升华与重塑——从恐惧走向敬畏

对于技术恐惧而言，如果人们持续恐惧，就会陷入对技术恐惧的恐惧中，从而让恐惧成为人们的一部分，最终导致技术停滞或异化，因为越恐惧越关注，便陷入恶性循环之中。反之，如果人们不是从恐惧视角看技术恐惧，而是从敬畏的视角理性地分析和面对技术负效应，这个时候人们所内化的就是敬畏。因为敬畏成为人们的一部分，所以敬畏的方向包含对技术恐惧的反方向，也就是人类希望和自由前进的方向，是技术从 0 到 1 和从 1 到 N 的创造性发展和创新性转化的方向，如此才可以实现技术恐惧的价值升华与价值重塑。

克尔凯郭尔认为，如果一个人学会了怎样正确地恐惧，那么他就学会了"那至高的"[49]。在技术强力支配的现代生活中，人们学会正确的技术恐惧，即学会"那至高的"，就是对技术恐惧自身的超越，就是对技术恐惧的升华，才能更好地实现技术恐惧的价值升华与价值重塑。所以，人们要学习和接纳恐惧及其背后的理论基础，充分解析技术恐惧的"两创"和"两防"的正面价值，进而探析技术恐惧正面价值的实现路径，获得恐惧应对的力量、勇气和方法，从人对技术的单向消极被动的恐惧走向一种更加积极主动的技术敬畏，在技术客体的风险和不确定性中追求技术的真善美，在主体的脆弱性走向韧性的过程中探索人类的希望与自由，真正实现技术服务于人的目的性价值（见图 8.1）。

综上所述，技术恐惧的价值亟待整合与重塑，在认识技术恐惧对主体和客体的负面影响的同时，我们还必须发掘技术恐惧带来的积极启示，充分认识和理解技术恐惧对主体和客体的正面价值。通过消解技术恐惧的负面影响，强化技术恐惧正面价值，在技术正负效应的中和与平衡中实现技术恐惧价值整合，进而在主客体双向交互中化被动为主动，一方面追求技术的真善美，另一方面追求人类的希望与自由，真正实现从技术恐惧走向技术敬畏的价值升华与价值重塑。

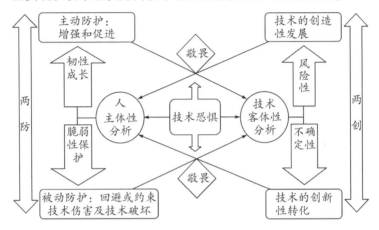

图 8.1　技术恐惧价值整合与重塑示意图

第九章

"我们到哪儿去"：技术恐惧治理

人不可能完全摆脱恐惧，
信仰是拯救和战胜恐惧的唯一途径。

———［丹麦］索伦·克尔凯郭尔

技术恐惧是因为生死平衡的安全感被打破而引起的危机，对技术负面效应的反应是打破了安全感进而形成的恐惧反应。从更加本质的角度来看，技术恐惧是打破了技术带来的生的希望与技术受限的死亡的风险之间安全性平衡关系。如果继续保持安全感和生死平衡，其实人类是可以免于恐惧的。但是生死安全的平衡是一种动态化的过程，而不是一成不变的恒定状态，所以技术恐惧本质上是因为人的内在危机与技术负效应交互作用，打破了生死平衡和安全感而产生的生存危机所带来的反应。

技术恐惧是人类主体对技术客体的恐惧反应，会引发积极和消极两种态度。积极的技术恐惧会承认、接纳并利用恐惧，转换为前进的动力，进而促进发展，所以积极的技术恐惧会成为技术发展进步的动力。但是消极的技术恐惧就是人类蜷缩在恐惧和退缩中，害怕风险和危机，从而故步自封、无所作为，对技术更是抱有一种攻击破坏和损毁之心态，甚至付诸行动。技术恐惧作为一种客观存在，需要更多积极的态度。

技术恐惧会形成三种不同的行为反应。技术恐惧的战斗性反应是指拥抱技术、认识技术、学习技术和利用技术，甚至开发和创造新技术，并积极应对技术负效应。而技术恐惧的回避性反应是指因为害怕技术负效应，从而拒绝技术、远离技术，退回到没有技术风险甚至没有技术的时代和环境。在战斗或者回避的技术恐惧反应中，还有一种特殊的反应，就是不战斗也不回避，形成一种"目瞪口呆"的僵化状态。这种技术恐惧反应更多表现为对技术的沉迷和依恋，在技术带来的福祉中，如温水煮蛙的陷阱一样，人类主体在技术负面效应面前无所作为，主体性丧失并让渡给客体。这种情况下，技术恐惧成为一剂慢性毒药，个体逐渐被侵蚀并成为技术支配的对象。

技术恐惧的正面价值有四个层次：第一个层次是唤起觉察和关注，因为恐惧会消耗更多的身心能量和资源，激活个体的警觉性。如果没有这种激活状态，人类就无法调集更多的身心力量来应对技术带来的风险和问题等负面效应，所以第一层次的唤起是前提性价值。第二个层次，技术恐惧作为不可否认的存在，是承受技术负效应并在这一体验感知过程中酝酿人类积极的应对方式和资源，提升人类对风险的承受能力，使得人类在与技术负面效应共生共存中不至于受伤害，也是对技术负面效应的回应。第三个层次是指向成长和发展的层面，即在技术恐惧中获得人类主体韧性的成长，以及技术客体的发展进步。第四个层次的价值在于超越现实，抽象到人类世界的一般性价值层面上，要通过技术恐惧实现价值升华，通过将恐惧的被动过程转化为敬畏的主动过程，用对技术客体的爱、信心和希望，实现人类主体的自由和解放。

一、代达罗斯技术迷宫的哲学启示

希腊神话中的能工巧匠代达罗斯在孤岛为克里特国王米

诺斯缔造了一座举世闻名的迷宫，用来囚禁牛头怪，同时也让自己深陷迷宫找不到出路，但是最终通过发明翅膀这一新"技术"，翱翔于迷宫之上，将错综复杂的迷宫一览无余，暂时让自己摆脱了迷宫的限制。然而对人类而言，只能从所见中推断世界的真实面目，由于人们认知的局限性，无法飞到迷宫之上，也无法看到迷宫全景。随着科学技术的加速发展，个体不可能成为洞悉所有科学技术奥秘的专家，而只能迷失在知识技术的巨大"迷宫"中，一个不可逾越的自我、不可逾越的政治、不可逾越的技术和不可逾越的宇宙构成的终极迷宫。[159] 即使代达罗斯制造了翅膀这样的技术性工具，但是仍旧因为对技术使用的不慎导致他失去了自己的儿子，丧子之痛成为其毕生之遗憾和痛苦。代达罗斯的技术迷宫故事还蕴含技术恐惧的生成过程，即人与技术的关系之中，要想获得技术的利益和福祉，也就不可避免地需要接纳和承受技术风险破坏性和未知不确定性等。当人类尚未准备好而这些技术负效应已经不期而至时，技术恐惧就不可遏止地生成了。

这一故事还蕴含技术恐惧的消解，需要有摆脱困境的超人类视角，才能对技术的价值及其负效应一览无余，进而在技术这个错综复杂的迷宫之中找到出路。

当论及技术的本质时，海德格尔发现人、自然和上帝都被一种"正在展开"的技术关系所掩盖。[35] 马尔库塞提出了"片面的人"，他认为技术进步已经成为压制和毁灭人类、干扰人们自然生活的帮凶。[136] 哈贝马斯提出技术进步带来的是技术统治论，是从技术的合理性转化为统治的合理性。[100] 凯文·凯利提出了"技术元素"的概念，他认为技术的发展正在带给一些人恐慌和忧虑。在凯文·凯利看来，科技具有生命性，技术元素是一种很难真正灭绝的自组织。他承认技术具有一些阴暗面，并且现代社会存在许多对于技术有着极端思维的人。[160] 由此可以发现，技术的负效应是不可忽视的，技术负效应带来的技术恐惧反应也越来越受到重视。

《恐惧的原则》的作者弗雷迪认为，在社会真空状态中并不存在恐惧，社会连锁和群体极化是恐惧的动态化存在方式。[161] 就像情绪的传染性一样，技术恐惧也是以传播的动态化存在方式并影响人类。同时，社会互动使得群体比个人更加恐惧，在民主协商中，有可能产生的"技术恐惧聚焦"带来群体比协商前更加恐惧，甚至带来普遍性的技术恐慌。[144] 所以，预防技术恐惧和消解技术恐惧，都是非常重要的部分。

奥特加·加塞特在《对技术的思考》一书中指出，技术的善恶目的所带来的价值效应也是不同的。[162] 即使这项技术本身及其最初的目的是好的，其结果在现实中也可能是危险的。[163] 事实上，技术的目的实际上就是人的目的。亚里士多德和苏格拉底都指出，仅仅出于某种理想功能或目标而创造的工具是不可能产生的，因为人们只有在应用技术的过程中首先实现对技术的独立控制，才能实现技术的工具价值。福柯认为存在只能在技术中表现，技术设计因此成为存在的表现方式。技术内在于人的身体，作为一种源于人类又统治人类的外来力量，有必要寻找被现代社会边缘化的内在自我技术[34]，才能更好地消除技术负效应。

斯蒂格勒认为人的起源与技术发明是同步的，人在发明技术的时候也发明自身，人与技术相互发明、相互依存。因此如何更好地通过技术恐惧来实现技术服务于人的目的性价值，需要从人类的主体性、技术的客体性和人与技术交互的文化性等多个路径探索和行动，并构建科学的技术治理体系。

（一）人类主体的欲望克制与希望重塑

现代资本主义社会中，工具理性和科学技术是不断解放人和确认人本质的文化力量，与此同时，它又束缚人和统治人，因而成为一种异化的力量。克尔凯郭尔的绝望思想是以个体生存体验为基点，生动勾勒出绝望的状态与类型，认为孤独的个体只有运用意识，深刻地领会绝望，才能获得信仰拯救的契机。[49] 这是一种在绝望中寻求救赎与希望的观点。

欲望是恐惧的根源，壁立千仞，无欲则刚。欲望是由禁止唤起的，在亚当与夏娃的故事中，欲望作为神学意义上的概念，是传承之罪的部分，通过祖先内疚或罪恶来判决后代的罪。心理欲望是指普遍性的、无节制的欲望背后的驱动或渴望。[49] 当人们能够正视人类主体的无节制的欲望时，人们才能够消解传承之罪带来的无休止的恐惧，借助希望重塑的力量，走出技术恐惧的阴影。

恐惧作为一种驱动力支配了原始人的生活。恐惧的不确定和不稳定性，引导恐惧作为一种驱动力来运行。尤其是在21世纪，作为自觉的"后传统社会"，后喻文化占据主导性，过往的经验、规则退居次要地位，导致应对未来不确定性和不稳定性的资源受到束缚或漠视，而未来的不确定性和不稳定性又比历史上任何时期更高。恐惧因此必定会呈现一种越来越强的增长态势，恐惧变得越发牢靠，并且成为塑造民众性格的主导因素。

技术时代最重要的特征，不是人们利用恐惧，而是人们就生活在恐惧中。大多数情况下，即使是有清醒自我意识的操纵者，也难免受到恐惧文化的影响。所以，对于科技工作者和科学共同体而言，难免受到恐惧文化的影响，成为恐惧的制造者，或者生活在恐惧中而无法自拔。尽管技术恐惧有可能导致人们生活在恐惧的阴影中无法自拔，并且以牺牲一定程度的安全和幸福为代价，但是恐惧同时激发出一种动力，就像黎明前的黑暗带来的恐惧一样，始终带给人们未来光明的希望。陀思妥耶夫斯基曾经指出，苦难风险和危机是一种土壤，如果可以把所有的内心感受，当然也包括恐惧，像播种一样埋在土壤里，那么最终这里将可能开出最灿烂的花朵。技术恐惧也类似地发挥着其独特的价值，不因此时此刻无边无际的黑暗恐惧而恐惧，而因此时此刻的黑暗恐惧恰恰孕育着光明，升华为一种奋力改变并发明新技术和完善新技术的希望和动力。

如果你想拥有一种品质，那就表现得好像是你已经拥有了这个品质一样。如果人们想在技术时代限制技术负效应的同时利用技术的福祉，那么人们需要表现得像已经用敬畏限制了技术负效应从而不必过度恐惧一样，应该用与恐惧共舞来锻炼人类自身的韧性并获得成长，就当已经在敬畏中找到了技术负面效应反方向上的技术福祉，从而推进技术的创造性发展和创新性转化。[34] 任正非在带领华为开展科技研发攻关的同时，提出了灰度哲学作为科技攻关决策时的底层逻辑，那就是真正坚持与困难和恐惧为伍，带着对未知的敬畏，披荆斩棘，勇往直前。

人们认识到了技术恐惧的正面价值，因而有机会摆脱技术恐惧的窠臼，走向新的希望。掌握恐惧的起源及其变迁，是限制恐惧对人民生活破坏性的第一步。在此基础上，人们从主客体视角和文化视角分析了技术恐惧的实质，进而探索了技术恐惧的正面价值。德国社会学家埃利亚斯（Norbert Elias）在《文明的进程》中指出，推动人类前进的恐惧和焦虑是人为制造出来的，因而是可以消解的，可以采取措施有效减轻其负面影响。[79] 本章将着力提供新的价值观路径和态度，以取代被技术恐惧支配的技术悲观论，提供技术恐惧从被动走向主动敬畏，从技术强制和专权走向技术民主化，从恐惧的消极问题视角走向积极的希望和勇气视角，最终分析技术治理体系构建的中国特色社会主义路径。

（二）技术客体的创新探索多元新进路

在技术发展不均衡、技术垄断的背景下，技术先进对技术后进带来的压制性形成了技术恐惧的特殊性形态。

如何破解这样的恐惧？只有从希望视角，找寻新的路径绕过去，或者赶超上去。中国"两弹一星"技术取得突破，但是在汽车发动机技术、光刻机芯片制造技术等方面则一度处于滞后状态。如何借鉴技术治理的中国经验，在正确的技术方向上去实现新的突破和发展进步呢？面对技术垄断、高精尖配件、技术专利壁垒等，如何赶超？能不能绕过？如果绕过，是不是一条科学的大道？还是有可能陷入非科学的误区？基于技术客体的未知不确定性，决定了对技术创新探索的路径也具有未知不确定性，所以表现出来就不是单一路径，而是多元的新进路。

科学与技术是人类构建未来的一种方式——坚定文化自信，探索适合自己的技术治理之路。比如汽车发动机技术方面，油电混动的技术实现了真正的超越，可以实现 3.9 秒加速，实现了动力突破，同时全新超级混动（DM-i）技术升级更实现了馈电行驶中油耗下降到每百公里油耗 1.8 升，实现了油耗成本突破，这些技术将会带给普通老百姓极大的福祉，也实现了技术的真正创新突破。2000 年前后，中国的小灵通技术产品在全国迅速推广，其借助成本低廉的优势，迅速为斯康达和中兴等公司创造百亿利润。然而这一已经被日本淘汰的技术本身并无发展前景，仅仅是当下市场和体制结合下的短期产品。这时候，在"以服务于人类为目的"的价值驱动下，任正非率领华为拒绝了小灵通战略，顶住了巨大的危机及其蔓延所产生的恐惧，最终在 3G 技术发展道路上生存发展，并在 5G 技术上走到了全球领先。这样的技术战略也再次表明技术客体的创新需要探索多元化的新路径，在巨大的危机和恐惧的驱动下，绕过技术舒适区或者技术壁垒，实现技术上的创新和赶超。这就说明要在原来的发动机科技标准或专利壁垒下实现创新突破是很难的，必须在更加自由的层面上运用新的逻辑架构超越原来标准的束缚，探索油电混动新技术的优势，从而真正实现动力性能提升和油耗成本下降。类似地，1950 年，图灵（Alan Turing）发表了一篇划时代的论文，预言了创造真正智能机器的可能性。[164] 因为注意到"智能"的概念很难准确定义，他提出了著名的图灵测试：如果一台机器可以通过电传设备与人类对话，并且不被识别出其机器身份，那么这台机器就是智能的。[165] 这种简化使图灵能够令人信服地解释"思维机器"是可能的。[164]

所以技术进步和技术恐惧的动态关系中，不是技术本身的进路有多么重要，而重在技术与人的交互关系中，以人为本、以人为中心最终建构出来的技术新路。[162] 成吉思汗用自己的草原文化建构了奇兵战争技术，或许不是科学技术的趋势和方向，甚至一定程度上阻碍了资本主义的发展，但是当前资本主义的科学技术发展，难道不是对社会主义、共产主义的阻碍吗？若在科学技术之路上走得太远，难道人们就不能构建一个真正的共产主义未来吗？实现共产主义的文化自信，尤其是对未来人类自由解放的终极价值的向往，或许不仅仅是消解技术恐惧负效应的真正进路，更是技术恐惧促进技术发展进步的新进路。

（三）恐惧文化建构是技术恐惧价值实现的通行证

人类无法摆脱恐惧，也无法摆脱技术恐惧。德国哲学家田立克（Paul Tillich）指出，恐惧的体验被视为没有出路的狭窄或没有方向的空虚。[166] 他认为技术文明只是创造了一个社会意义上的社会，恐惧源于与一个可以决定一切事物的未被探索的关联，它是不确定的、飘忽不定的、不可预测的。[167] 就像在如履薄冰的风险下，害怕冰随时会崩塌而使人坠入生命的深渊，人们会表现出恐惧逃避的两种反应：要么退缩于宗教思想中，人们更多的是借助空灵和虚无来化解恐惧；要么投入孤独的人群随波逐流，事不关己高高挂起，流于表面的没有主见的同流合污以作为摆脱自身恐惧的经世之道。但是本质上这两种自我逃避，不过是掩饰自己的内心恐惧，因而"虽然人生意义得到了拯救，但是自我却遭受了恐惧的折磨"[166]。

外在技术恐惧可以通过技术发展进步得以消解，当技术从未知不确定转化为已知或确定，技术风险破坏性程度得到控制，外在指向技术的恐惧其实就得到了消解。从外在事物发展变化的动态性而言，外在指向的、过去实在发生的技术恐惧的确可以消解，但是新的外在技术恐惧却依旧存在，因为技术未知不确定性的负效应总会在新的层面上继续生成或发展变化。除了外在的技术客体性恐惧，技术主体的内在恐惧也无法消解。

如芒福德所说，恐惧是人的内在危机，所以从根本上而言，技术恐惧就与人的基本属性结合在一起，从人类诞生开始就产生的内在焦虑等危机，到整个人类进化过程中挥之不去的恐惧等基本情绪[12]，这种危机总会投射到新的外界物或技术上，进而转化为新的外在技术恐惧。所以人类必须接纳技术恐惧的永恒性存在，在与技术恐惧共生共存的过程中接纳和承认恐惧，获得"允许恐惧"的文化通行证，才是对技术恐惧的消解。

没有他人就没有自我，没有认同就没有差异，没有希望就没有绝望，没有开始就没有结束，介于两者之间的不确定性，就是恐惧。对此，如果有人想要逃遁避世或者超脱于其上，那么本质上就是对恐惧投降。辩证地分析，在每一种能力中看出无能，在每一种知识中发现无知，在每一个存在中洞见虚无，就像苏格拉底、布鲁诺为了自己的信念从容赴死一样，恐惧就已经被踩在了脚下。[47]

　　笑声是对恐惧的胜利。这种胜利，不单单表现为是对自然灾害或宗教神秘恐惧的胜利，更是一种对奴役、压迫和愚弄人的情感的道德观恐惧的胜利。[47] 所以要应对和消解恐惧，就不仅仅是对自然或宗教神秘未知和不确定性的恐惧的应对，更是对道德观恐惧的消解，才能真正提高人的生活质量。反之，在技术发展的路径上，技术恐惧不仅仅源自对技术未知性和不确定风险的技术价值负载的恐惧，事实上还是源于对于技术负载的奴役、压迫和愚弄人的情感的道德观的价值。技术不仅仅是客体性价值，也一定具有主体性的价值观负荷。因此，为了消解技术恐惧，人们必须面对技术恐惧道德价值观的重塑，摆脱对奴役、压迫和愚弄人的情感的道德观和行为模式，形成技术恐惧共生共存的接纳文化，才能真正地消解恐惧，也才可以真正地提高生活质量。

　　恐惧是当代文化的重要内容，恐惧是现代技术社会中人类现实存在的组成部分。当今时代，随着心理学的发展，已经有了心理分析、格式塔疗法、接纳与承诺等作为进一步克服心理恐惧的手段，更好地帮助当代人类走出越安全越恐惧的悖论。以接纳承诺疗法为例，对于恐惧症而言，人们首先要接纳恐惧的存在，去感受和体验恐惧存在的时空形态，然后通过人类主体性的心理灵活性的加工，进而承诺未来如何与恐惧相处，如何对恐惧负责任，在这样的承诺中，恐惧自然而然得到了最好的消解，对人们生活质量的负面影响和感受也就得到了化解，人类因而走向积极幸福健康的生活，摆脱了恐惧的羁绊，所以对与技术恐惧共生共存的恐惧接纳文化建构，是技术恐惧价值实现的通行证。

二、中国特色的技术恐惧治理体系建构

中国古代朴素的技术恐惧思想中，贬低技术、不重视技术、重人文轻技术现象非常普遍[70]，但中国作为全球文明古国和文化大国，技术始终走在世界前沿。然而，近代中国没有跟上资本主义和工业革命的浪潮，技术发展明显落后于西方国家，导致了对技术既爱又怕的复杂的技术心理行为过程，形成了独特的技术态度。而在改革开放以来，我国提出科学技术是第一生产力的战略，极大地解放了生产力，彻底改变了国家发展缓慢的面貌，迎来了改革开放四十多年来的巨大发展进步。在这样的发展需求导向下，人性之恶也逐步被释放出来，市场中的投机行为等逐渐显现。但是面对技术本身，人们依旧在技术快车道上奔驰。习近平新时代中国特色社会主义思想中更加明确地提出了"文化自信"，由此可以更好地平衡技术与人文的关系，实现五千年来重人文与近现代重

技术的两个重视，借助中国传统文化优势、社会主义公有制、民主化和创新体制优势和新时代人民对幸福美好生活的向往的奋斗优势，构建中国特色的技术恐惧治理体系，走出技术恐惧治理的中国新路径。

根据约纳斯的技术恐惧启示定律，技术恐惧思维可以激发人的想象力，预见风险，呼唤责任，督促行动。[19] 通过预测和化解技术风险，我们期望最大限度地减少灾害，从而将技术发展带入一个发展速度适宜的轨道。技术恐惧的消解，技术风险的化解，根本上仍然离不开并且必须依靠技术。在技术的轨道上，人们已经越走越远，不可能倒退，更不可能在技术高速行驶的轨道上急刹车。未来视角上，人类也许可以调适技术发展的速度，更好避免技术速度与人类适应力不匹配的问题，消解技术未知不确定性和风险破坏性大的恐惧等负性反应，进而实现技术服务于人的目的性价值。

（一）文化自信奠定技术恐惧治理的本土文化基础

技术恐惧是特定文化情境性下技术与人的交互作用反应。技术本质上是人与人关系的一个中介，因而构成了人与人、人与自然的这种交互关系。在这种背景下，技术只能作为一个中介，所以技术恐惧的对象是技术中介，还是恐惧这个中介背后的人呢？本质上来说，它应该是指中介背后对人的恐惧。在这个意义上看，技术恐惧本身是虚无的，所以人们对这种技术中介的技术恐惧没有或缺失是合情合理的，人们有的是对人和由人衍生出来的自然与社会的关系的敬畏，而没有那种所谓的对技术中介的恐惧。

中国五千年历史文化源远流长，从未间断，就是因为中华文化中蕴含着坚强的韧性，面对任何艰难险阻而从不缺少希望、信心和勇气。尽管恐惧作为当今世界的驱动力，诞生了"恐惧的恐惧"这一困境，和"越安全越恐惧"的悖论，但是希望、信心和勇气可以从根本上消解恐惧，尤其是当代科技支配下无处不在的技术恐惧。中国为什么在经历了技术革命，尤其是改革开放之后能够这么快速发展？中国的科技高速发展会不会产生强烈的技术恐惧？这些可能产生的技术恐惧会引导中国的科技发展走向何方？其实就是因为技术的中介性定位，没有那种非理性的技术恐惧。因为未来的恐惧和不恐惧是一个相对概念，恐惧和不恐惧之间不是绝对化的存在，恐惧代表的是一种特定的对技术负面效应的客观反映。今天人们看到的负效应在未来也许不再是负面效应，因而具有了技术中介和技术服务于人的信仰后，技术作为中介的恐惧得到了消解。

中国经济社会的高速发展状况，以经济建设为中心的政策，以及效率优先带来的推动力，往往又会导致人们缺乏足够的恐惧，尤其是在技术相关的领域里。所以，科学建构技术恐惧，提高科技素养，筑牢技术风险的防火墙，避免因为代理人角色引发国际国内对某些高新技术的恐慌性反应则显得越来越重要。[35] 在释放生产力和推进科技发展的政策驱动下，同时呼唤国家或集体主体的新的技术恐惧科学素养。实际上，人们要做到在尊重个人自由选择的同时，接受集体或国家指导，规约技术发展创新方向与其服务于人的目的性方向一致，形成良性交互的人技关系。这个意义上，技术恐惧不是为了阻碍、拒绝甚至破坏技术发展进步，而是调适和重塑技术与人的关系，引导人们朝着促进技术福祉的方向前进。

中国近年来这种高科技的发展，本质上是基于人与技术关系的文化建构，这种关系就是主体性关系的一种建构。[168]它不是永恒性的恐惧，而是基于特定文化情境性，是基于一些发展视角下的可以改善的一种动态化的存在关系，而不是所谓持久的、永恒的主体性恐惧。人们今天所恐惧的，在未来不一定恐惧；人们今天没有恐惧的，未来也可能成为人们的恐惧，所以技术恐惧在主体性方面存在着时空维度的动态变化。

中国历经文化自卑和自负的强烈波动和震荡，在新中国和改革开放建设的征程中找回了文化自信，并与传统中华文明中的敬畏和谦卑文化相连接，真正形成了文化自信，迎来了文化复兴。中华文化孕育着绝望困境中永不放弃的希望，孕育着生命不止、奋斗不息的勇气，还孕育着"为万世开太平"价值驱动下的坚定信心，这一文化不断孕育着一代代科技人才，前赴后继构成科技创新的重要支撑。技术恐惧的中国文化独特性，激活了文化自信，唤起了技术敬畏，既有技术恐惧保护中华儿女免遭技术负效应伤害的强烈使命感，又有技术恐惧对中华民族伟大复兴辉煌的强大价值感驱动，中国科技人才在脆弱性保护和韧性成长的双重价值驱动中得到了快速的成长，最终引领了中国的技术革命。

（二）马克思技术哲学思想指导技术恐惧治理方向

马克思认为人的本质是一切社会关系的总和，他对技术哲学的贡献越来越引起人们的关注。在罗波尔（Günter Ropohl）看来，马克思在他的劳动哲学中证明了其是一位"重要的技术哲学家"，但这一点直到今天"还没有得到足够的重视"。[169] 长期以来，我国学者一直关注马克思技术哲学的研究，认为马克思有一个完整的技术哲学思想框架，马克思的技术哲学已经形成了知识体系，并从技术实践理论、技术价值理论和技术异化理论三个方面论述了马克思技术哲学的核心内容。[154] 有学者通过对马克思"工具与大机器"与生产和消费关系的粗略考察，发现马克思已经触及了技术的本质特征，并指出了技术的价值。[169]

马克思发现了技术本质的中介作用，并指出劳动材料是工人放置在他们自己和他们的劳动对象之间[170]，将他们的活动传递给他们的劳动对象的事物或事物的复合体。换句话说，人是一切社会关系的总和，事物是人类活动和意志的载体，技术是媒介。[169] 马克思指出，技术带来的人的异化并没有使工人摆脱劳动，而是使工人的劳动变得毫无意义。他预见到机器自动化的必然性，并看到技术和不公平的社会制度的结合是造成不人道后果的原因，因为机器本身就是人类对自然力量的胜利，但是随着机器技术的资本主义应用，人类又逐步成为自然力量的奴隶。[169]

工具理性和科学技术虽然具有人类解放和自由的本质，但在现代社会，特别是在资本主义社会制度下，它们日益转化为约束和统治人的异化力量。[171] 马克思主义思想从人文意义上探索了人类解放的可能性[172]，批判了资本主义对技术的奴役、控制和异化，勾勒了共产主义以带给人自由解放为的终极目标，提出了如何在资本主义异化的现实中改造和拯救文化困境和人们的精神世界的社会主义路径。[173] 作为初级形态，社会主义的体制优势，尤其是中国特色的社会主义道路和国家治理能力使现代化进程取得了一个个丰硕的成果，较好地实现了人与技术的协同发展，可以更好地避免技术和人的异化，拯救人类走出技术恐惧的困境，建立健全中国特色的技术治理体系，并最终走向人类的自由和解放。

中国特色社会主义在坚持马克思主义思想，尤其是技术哲学思想的指导下，确立了"科学技术是第一生产力""科学发展观""绿水青山就是金山银山"的生态发展观等一系列技术治理思想，在道路自信、理论自信、制度自信和文化自信等四个自信的基础上，结合新时代中国特色社会主义发展新阶段的需求和目标，坚定社会主义技术治理创新，包含技术恐惧治理创新，在保护人类免遭技术伤害和减少技术负效应的同时，避免阻碍或破坏技术发展进步，务实推进技术的创造性转化和创新性发展，实现技术服务于人的目的性价值。

（三）技术恐惧科学素养的提升是技术恐惧治理的有效路径

技术恐惧兼具负面影响和正面价值，需要在价值整合与重塑的基础上进行系统化的治理。这就涉及对技术主体、客体和文化情境性视角下的多元路径的建构。

首先，提升科技工作者的技术敬畏。对技术设计者和研发者，需要刺激科技工作者技术敬畏，探索技术未知领域，也需要培养科技工作者的谦卑，承认人类自身的局限性。技术恐惧的科学素养，要求科技工作者在技术设计的源头尽可能地避免技术作恶风险，通过增加科技工作者的人文素养，提升他们对人类适应能力和速度等的人文觉察力，避免以超出人类承载能力的方式或速度去推进技术发展。科技发展不仅仅是科技工作者实现自我价值或科学理性的极致追求，科学技术根本上是需要服务于人的，如果脱离这一目的性价值，技术就失去了意义。

其次，提升技术使用者的技术规范性操作水平。这要求建立科学的技术规约，让技术使用者心存敬畏，避免无节制滥用资源或能源。技术本身是中性的中介存在，但是一部分使用者可能因为操作不当导致技术负效应，另一些情况下也可能因为一些使用者主观故意导致技术的破坏性彰显。

第三，对于技术幸存者的技术恐惧，需要建立补偿机制，对技术伤害或破坏的结果不回避，赋权技术幸存者申述和获得补偿的权利，同时通过社会福利制度，为幸存者提供心理治疗，尊重他们技术拒绝的权利，并提供替代性的技术解决方案。技术幸存者不应该被遗忘，他们用自己的牺牲换来我们对技术风险破坏性的认知，所以他们值得被尊重和照顾。

对于客体性的技术而言，要从技术的结构、功能和规范三个属性出发，尤其是利用技术恐惧完善技术使用规范，加强人技交互性，避免过失性操作带来技术负效应；同时完成技术多重保险机制，升级技术结构功能，更加人性化的设计，更加便捷的操作，让更多的人可以公平地享受到该技术的福祉，实现技术服务于人类而不是个别人。技术恐惧治理中，还需要从技术客体视角下加强技术研发，面向技术用户降低技术复杂性，比如从 DOS 系统到 Windows 视窗系统，增强了人技交互性，让更多的技术用户简单操作就可以使用该技术服务于自己。尽管技术越来越复杂化和系统化是不可避免的，但是技术操作的简单化是人类的需求，也是技术客体发展进步的方向。此外，技术的未知性更加要求增加科普，实现技术原理知识透明，尊重公众知晓权，赋予技术用户民主决策和技术治理的机会和权利，让更多的公众、用户在了解技术负效应的过程中做好技术恐惧的心理准备，接纳技术恐惧的实在性和存在性，也就实现了技术恐惧的消解和超越。

总体上，技术恐惧治理的有效路径是，一方面保护技术受众为代表的人类主体脆弱性并增加韧性水平，增加人类内心的力量，从而能够更好地理解和面对恐惧；另一方面借助技术恐惧的积极启示，在技术恐惧的反方向上进行技术创造性发展和创新性转化，推进技术发展进步。在主客体交互作用下，技术恐惧不仅仅是一种负性情绪反应，更是一种积极的科学素养。培养科学的技术恐惧素养，找到不同群体需求的最大公约数，接纳恐惧，与恐惧共存共生，借助技术恐惧的路径实现人类的主体性成长和技术发展进步。

（四）幸福美好生活的向往追求是技术恐惧治理的目标愿景

"北斗"组网、"嫦娥"探月、"蛟龙"深潜、"天眼"开启，国之重器铸就中华民族伟大复兴的大国梦想。经历改革开放四十多年的高度发展，中国已经成为世界第二大经济体，中国国民人均收入水平不断攀升，国民幸福指数不断提升。对幸福美好生活的向往这一目标引领人们走出技术恐惧的阴影，激发技术创新发展的动力，在推进技术发展中寻找希望和安全感，在国家责任和集体主义价值方向指引下，寻找希望和重构安全感，因而迸发出了更加强大的动力，实现技术发展中追赶跑、并排跑和超越跑三部曲。在科学技术是第一生产力的思想指导下，科学技术进步影响着国家的前途和命运以及人民的生活福祉，科技创新也是综合国力的关键支撑。

技术恐惧作为一种恐惧反应，具有负性情绪的显著特征，也就成了幸福美好生活道路上的拦路虎。技术恐惧的治理，就是要消解恐惧带来的生理、心理和行为上的负效应。这一方面要求技术借助技术的发展进步实现技术福祉的增加，另一方面要提高人们的心理素养和能力实现恐惧反应的降低。在经济技术国际化和全球化的大趋势下，类似华为公司被制裁等"卡脖子"的情形应该还是相对少数的，但是技术"卡脖子"激活了技术恐惧，带给中国积极启示。今天的中国，对技术恐惧的应对之道已经不是逃避，而是战斗，是迎着技术难题而上。技术恐惧，让中国更加系统深刻地反思中国的技术发展之路，以多重手段解决技术难题，可以发挥举国体制的优势进行重大科研攻关，更可以借助技术后来者优势进行破解。经济要发展需要技术创新，对发达国家来讲，技术创新约等于技术发明；对发展中国家，技术创新可以是引进、消化和吸收。创新的方式不同，发达国家创新的成功条件跟发展中国家创新的成功条件是不一样的。在这个过程中，如果发展中国家的产业和技术走在世界前沿，可以从发达国家引进、消化和吸收技术作为技术创新、产业升级的来源，充分发挥后来者优势。在中国领跑、跟跑和并跑的"三跑"并存的技术发展关键期，更要借助技术恐惧激活后来者优势，更好地实现技术创新、产业升级。

在百年未有之大变局的新形势下，在中国特色社会主义发展道路上，在中华民族伟大复兴的征程中，从文化、体制、路径、目标等角度建构和完善技术恐惧治理体系是中国特色技术治理体系的重要内容。中国日新月异的技术发展进步已经是对技术恐惧负效应最好的消解，也是对技术恐惧积极启示的最大利用。在中国"两个一百年"奋斗目标的伟大征程中，继续完善和建构中国特色的技术恐惧治理系统，借助技术恐惧保护人类脆弱性并促进人类韧性成长，约束技术风险破坏性并推进技术创新性发展和创造性转化，实现技术服务于人的目的性价值。

参 考 文 献

[1]王斌,孔燕. 技术恐惧的中国文化心理分析[J]. 东北大学学报(社会科学版),2020,22(04):1-6.

[2]赵建军,杨博."绿水青山就是金山银山"的哲学意蕴与时代价值[J]. 自然辩证法研究,2015,31(12):104-109.

[3]陈红兵. 国外技术恐惧研究述评[J]. 自然辩证法通讯,2001(04):16-21+15.

[4]JAY,T. Computerphobia:What to do about it[J]. Educational Technology,1981,21,47-48.

[5]贾楠.技术哲学视域下的技术心理现象探析[D]. 沈阳:东北大学,2008.

[6]SIMONSON,M. R.,MAURER,M.,MONTAG-TORARDI, M.,et al. Development of a standardized test of computer literacy and a computer anxiety index[J]. Journal of Educational Computing Research,1987,3(2),231-247.

[7] BROD C. Technostress：The human cost of the computer revolution[M]. Addison Wesley,1984.

[8] ROSEN L D,WEIL M M. Adult and teenage use of consumer, business,and entertainment technology：potholes on the information superhighway? [J]. Journal of Consumer Affairs, 1995,29(1):55-84.

[9] 赵磊.技术恐惧研究的现状及其存在的问题[J].科学技术哲学研究,2013,30(06):46-51.

[10] 赵磊.技术恐惧的哲学研究[D].南京:东南大学,2014.

[11] 曹继东.现象学的技术哲学[D].沈阳:东北大学,2005.

[12] 练新颜.论芒福德的心理化技术哲学[J].自然辩证法研究,2015,31(08):30-5.

[13] 黄欣荣,王英.埃吕尔的自主技术论[J].自然辩证法研究,1993(04):41-7.

[14] 陈红兵,于丹.解析技术塔布——新卢德主义对现代技术问题的心理根源剖析[J].自然辩证法研究,2007(03):54-7.

[15] 童美华,陈墀成.基于技术整体论的技术、自然、人的和谐——芬伯格生态技术观解析[J].自然辩证法通讯,2019,41(12):97-102.

[16] 张旭.技术时代的责任伦理学:论汉斯·约纳斯[J].中国人民大学学报,2003(02):66-71.

[17] 刘科.技术恐惧文化形成的中西方差异探析[J].自然辩证法研究,2011,27(01):23-8.

[18]赵磊,夏保华.技术恐惧的结构和生成模型[J].自然辩证法通讯,2014,36(03):70-5+127.

[19]刘科.汉斯·约纳斯的技术恐惧观及其现代启示[J].河南师范大学学报(哲学社会科学版),2011,38(02):35-9.

[20]覃泽宇.教学技术恐惧的内涵、生成与化解[J].中国教育学刊,2017(08):78-81.

[21]程焕文.信息污染综合症和信息技术恐惧综合症——信息科学研究的两个新课题[J].图书情报工作,2002(03):5-7.

[22]易显飞,刘芳.论转基因食品技术恐惧及其弱化路径[J].探求,2015(02):73-8.

[23]任世秀,古丽给娜,刘拓.中文版无手机恐惧量表的修订[J].心理学探新,2020,40(03):247-53.

[24]董鹏程.生物技术恐惧及其社会调适研究[D].新乡:河南师范大学,2010.

[25]赵磊.风险社会理论的认知意义及其对技术恐惧的影响[J].科学技术哲学研究,2020,37(04):81-6.

[26]张玲,王洁,张寄南.转基因食品恐惧原因分析及其对策[J].自然辩证法通讯,2006(06):57-61+112.

[27]李春光.网络信息污染与技术恐惧的行为调控[J].现代情报,2005(02):74-6.

[28]赵庆波.海德格尔与福柯的技术虚无主义批判[D].济南:山东大学,2021.

[29]ROSEN L D,SEARS D C,WEIL M M. Computerphobia[J].

Behavior research methods, instruments, & computers, 1987, 19(2):167-79.

[30]赵磊.论文化启蒙对技术恐惧的影响[J].自然辩证法研究,2016,32(05):42-7.

[31]周来祥.哲学、美学中主客二元对立与辩证思维[J].学术月刊,2005(08):75-7.

[32]张岱年.中国哲学中"天人合一"思想的剖析[J].北京大学学报(哲学社会科学版),1985(01):3-10.

[33]黄晟鹏,孔燕.中国古代超常教育德智并重的育人智慧及其启示[J].中国特殊教育,2018(10):83-9.

[34]王娜.技术设计价值冲突问题研究[D].大连:大连理工大学,2019.

[35]郭洪水.马克思与海德格尔:科学技术思想的比较[D].北京:首都师范大学,2007.

[36]李保明.一种大技术观[J].自然辩证法研究,1994(05):41-5.

[37]刘文海.论技术的本质特征[J].自然辩证法研究,1994(06):31-7+64.

[38]陈凡,陈昌曙.当代技术哲学若干理论问题引论[J].哲学研究,1991(02):42-50.

[39]李兆友,远德玉.论技术创新主体[J].自然辩证法研究,1999(05):27-31.

[40]丁云龙.论技术的三种形态及其演化[J].自然辩证法研究,2006(12):42-6.

[41] 陈凡,程海东."技术认识"解析[J].哲学研究,2011
(04):119-25+28.

[42] 张威.技术恐惧现象阐释[D].沈阳:东北大学,2005.

[43] 黄涛.论"恐惧"概念——霍布斯法哲学学说的人性论基
础[D].重庆:西南政法大学,2008.

[44] 姜春萍,周晓林.情绪的自动加工与控制加工[J].心理科
学进展,2004(05):688-92.

[45] 安献丽,郑希耕.创伤后应激障碍的动物模型及其神经生
物学机制[J].心理科学进展,2008(03):371-7.

[46] 陈建洪.论霍布斯的恐惧概念[J].世界哲学,2012(05):
152-60.

[47] 海因茨·布·德著,吴宁译.焦虑的社会:德国当代的恐
惧症[J].北京:北京大学出版社,2020.

[48] 刘森林.恐惧的深化与拓展:从尼采到《启蒙辩证法》[J].
马克思主义与现实,2016(06):82-91.

[49] 索伦·奥碧·克尔凯郭尔.畏惧与颤栗 恐惧的概念 致死
的疾病[M].北京:中国社会科学出版社,2013.

[50] 叶芳.论克尔凯郭尔恐惧的概念[D].天津:南开大学,
2009.

[51] WAHBA M A,BRIDWELL L G. Maslow reconsidered:A re-
view of research on the need hierarchy theory[J]. Organiza-
tional Behavior and Human Performance,1976,15(2):212-
240.

[52] WEIL M M,ROSEN L D. The psychological impact of tech-

nology from a global perspective：a study of technological so-
phistication and technophobia in university students from
twenty-three countries[J]. Computers in Human Behaviour,
1995,11(1):95-133.

[53]董涛.基于扩散张量成像的青少年网络成瘾者大脑结构
连接网络的研究[D].西安:西安电子科技大学,2014.

[54]RAJA Z A R I,AZLINA A B,SITI B M N. Techno stress：A
study among academic and non academic staff[J]. Lecture
Notes in Computer Science,2007,4566(7):118 - 124.

[55]MCILROY D,SADLER C,BOOJAWON N. Computer phobia
and computer self-efficacy:their association with undergrad-
uates' use of university computer facilities[J]. Computers in
Human Behavior,2007,23(3):1285-99.

[56]刘战雄,夏保华.责任过度及其对负责任创新的启示[J].
自然辩证法研究,2016,32(07):41-6.

[57]聂珍钊.伦理禁忌与俄狄浦斯的悲剧[J].学习与探索,
2006(05):113-6+237.

[58]程府.从"勇气"到"忧惧"——论康德与约纳斯德性观的
张力[J].自然辩证法研究,2021,37(06):26-32.

[59]韦庆旺,周雪梅,俞国良.死亡心理:外部防御还是内在成
长?[J].心理科学进展,2015,23(02):338-48.

[60]陈侠,黄希庭,白纲.关于网络成瘾的心理学研究[J].心
理科学进展,2003(03):355-9.

[61]RAGU-NATHAN T S,TARAFDAR M,RAGU-NATHAN B

S,TU Q. The consequences of technostress for end users in organizations:Conceptual development and empirical validation[J]. Information Systems Research,2008,19(4):417-33.

[62]伦蕊.高新技术企业研发投入的收益——风险退耦研究[J].研究与发展管理,2016,28(05):109-18.

[63]武青,陈红兵,格雷·怀斯.反技术的新卢德主义类型考[J].自然辩证法研究,2017,33(04):35-8.

[64]包桂芹.霍克海默、阿多诺《启蒙辩证法》研究[D].长春:吉林大学,2008.

[65]潘天波.“技术—人文问题”在先秦:控制与偏向[J].宁夏社会科学,2019(03):46-52.

[66]安德斯.过时的人:论第二次工业革命人的灵魂[M].范捷平译.上海:上海译文出版社,2010.

[67]吴晓明.现代性批判与“启蒙的辩证法”[J].求是学刊,2004(04):16-9.

[68]邓联合.人本主义技术批判的困境与超越——马克思《1844年手稿》与马尔库塞《单向度的人》之比较研究[J].自然辩证法研究,2007(01):54-8.

[69]张世英.中国古代的“天人合一”思想[J].求是,2007(07):34-7+62.

[70]许青春.中国特色社会主义理论体系的传统文化基础研究[D].济南:山东大学,2012.

[71]张莉.耻感文化与罪感文化刍议[J].延安大学学报(社会

科学版),2007(01):124-6.

[72]林玮生."乐感文化"与"罪感文化"的神话学解读[J].社会科学研究,2009(06):183-7.

[73]丁一平.中华传统耻感文化形成的根源探析[J].河南师范大学学报(哲学社会科学版),2015,42(02):94-7.

[74]何向.非物质文化遗产中的文人精神与匠人精神——以端砚文化为例[J].求索,2010(06):68-9+124.

[75]速继明.理性的二律背反:全球文明化的反思[J].社会科学研究,2020(03):126-31.

[76]邹欣,牛向洁.新闻驯化:美国媒体关于"华为事件"的议程网络研究[J].传媒观察,2021(09):33-8.

[77]尤瓦尔·赫拉利.未来简史:从智人到智神[M].林俊宏译.北京:中信出版社,2017.

[78]中央纪委国家监委网站.日本政府正式决定将核污水排入大海,福岛核事故要全世界买单[EB/OL].(2021-04-12)[2021-09-13].https://mp.weixin.qq.com/s/w_7EKKSK_3FqmAGgFcPITg

[79]陈坚,王东宇.存在焦虑的研究述评[J].心理科学进展,2009,17(01):204-9.

[80]厄休拉·富兰克林.技术的真相[M].田奥译.南京:南京大学出版社,2019.

[81]何东涛.高度重视学生心理健康问题[J].人民教育,2020(20):1.

[82]孔宝华.论技术恐惧与工程决策的伦理诉求[D].武汉:武

汉科技大学,2014.

[83]孟献丽."中国威胁论"批判[J].马克思主义研究,2021
   (03):110-9+60.

[84]姜文.科幻电影的技术恐惧及伦理反思[D].武汉:华中师
   范大学,2017.

[85]闫坤如.人工智能技术的人文主义反思[J/OL].云南社会
   科学,2021(05):11[2021-10-14].http://kns.cnki.net/
   kcms/detail/53.1001.c.20210831.1731.048.html.

[86]曹琦笙,井天峰.论亚里士多德的"公正"思想——基于
   《尼格马科伦理学》[J].发展,2015(03):92-3.

[87]李华强,周雪,万青,等.网络隐私泄露事件中用户应对行
   为的形成机制研究——基于PADM理论模型的扎根分析
   [J].情报杂志,2018,37(07):113-20.

[88]陈向群.芒福德巨机器理论研究——以富士康为例 [D].
   南昌:南昌大学,2014.

[89]韩启德.科技发展与人类文明[J].科技导报,2020,38
   (01):1.

[90]中国信息安全博士网.2015诺顿网络安全调查报告[EB/
   OL].(2015-11-26)[2021-09-13].https://mp.weixin.
   qq.com/s/AX4hiMm6RfZiPTB-YzA60g

[91]李石磊,梁加红,吴冰,等.虚拟人运动生成与控制技术综
   述[J].系统仿真学报,2011,23(09):1758-71.

[92]刘婷婷,刘箴,许辉煌,等.基于情绪认知评价理论的虚拟
   人情绪模型研究[J].心理科学,2020,43(01):53-9.

[93]孙周兴.技术统治与类人文明[J].开放时代,2018(06)：24-30+5-6.

[94]李春泰.发达科技与现代恐惧[J].自然辩证法通讯,2005(04):28-30.

[95]注册核安全工程师.及早通报核事故公约-1986[EB/OL].(2020-04-24)[2021-09-13].https://mp.weixin.qq.com/s/9ut2Y74dwxyedzmImwtuww

[96]邱仁宗.高新生命技术的伦理问题[J].自然辩证法研究,2001(05):21-7.

[97]邱仁宗.基因编辑技术的研究和应用:伦理学的视角[J].医学与哲学(A),2016,37(07):1-7.

[98]韩启德.审视医学技术的发展方向[N].健康报,2018-06-19.

[99]KRUGER J,DUNNING D. Unskilled and unaware of it:How difficulties in recognizing one's own incompetence lead to inflated self-assessments[J].Journal of Personality Social Psychology,1999,77(6):1121-34.

[100]赵建军.技术理性的合理性考量[J].中共中央党校学报,2007(03):33-8.

[101]安莉娟,丛中.安全感研究述评[J].中国行为医学科学,2003(06):98-9.

[102]李宏伟.技术的价值观[J].自然辩证法通讯,2005(05):13-7+110.

[103]刘松涛.纳米技术的伦理审视——基于风险与责任的视

角[D].北京:北京师范大学,2009.

[104]吴国伟,邓霆,张曼琪,等.新冠疫苗接种态度及其社会心理影响因素的调查[J].中国临床心理学,2021,29(03):622-5.

[105]KHOURY D S,CROMER D,REYNALDI A,et al. Neutralizing antibody levels are highly predictive of immune protection from symptomatic SARS-CoV-2 infection[J]. Nature Medicine,2021,27(7):1205-11.

[106]廖盼,肖义军.新冠病毒疫苗研发策略与进展概述[J].生物学教学,2021,46(05):8-10.

[107]何英霞,金姐,张明智.儿童疫苗接种家长态度问卷(PACV)的汉化和信效度研究[J].复旦学报(医学版),2020,47(03):434-8.

[108]中国长安网.世卫组织:全球已接种55亿剂新冠疫苗80%在高收入和中等偏上收入国家[EB/OL]. (2021-09-09) [2021-09-13]. https://so. html5. qq. com/page/real/search _ news? docid = 70000021 _ 573613967d283452

[109]新华社.全国新冠疫苗接种剂次超21亿[EB/OL].(2021-09-06) [2021-09-13]. http://www. news. cn/video/2021-09/06/c_1211358906. htm

[110]易卫华.技术人工物研究[D].广州:华南理工大学,2006.

[111]莫言.悠着点 慢着点[J].语文教学与研究,2015(04):75-7.

[112]王朱杰.乡土文学写作中的劳动伦理研究(1942-2010)
　　　[D].沈阳:山东大学,2020.

[113]卢锋.阅读的价值、危机与出路——新教育实验"营造书
　　　香校园"的哲学思考[D].苏州:苏州大学,2013.

[114]宋鑫."人类纪"的哲学浅析[D].呼和浩特:内蒙古大
　　　学,2014.

[115]姜礼福,孟庆粉.人类世:从地质概念到文学批评[J].湖
　　　南科技大学学报(社会科学版),2018,21(06):44-51.

[116]张一兵,斯蒂格勒,杨乔喻.人类纪的"熵""负熵"和"熵
　　　增"——张一兵对话贝尔纳·斯蒂格勒[J].社会科学战
　　　线,2019(03):1-6.

[117]牛京辉.从快乐主义到幸福主义——J.S.密尔对边沁功
　　　用主义的修正[J].湖南社会科学,2002,06):28-31.

[118]张卫,王前.道德可以被物化吗?——维贝克"道德物
　　　化"思想评介[J].哲学动态,2013(03):70-5.

[119]包利民.伊壁鸠鲁哲学意义的现代读解[J].复旦学报
　　　(社会科学版),2004(02):31-7+94.

[120]李国山.约翰·穆勒的心理主义辨析[J].南开学报(哲
　　　学社会科学版),2009(05):86-91.

[121]杨威.面向"后人类"未来的人类——福山与斯蒂格勒的
　　　技术观述评[J].山东社会科学,2021(03):33-8.

[122]郭晓晖.技术现象学视野中的人性结构——斯蒂格勒技
　　　术哲学思想述评[J].自然辩证法研究,2009,25(07):
　　　37-42.

[123]冈特·绍伊博尔德.海德格尔分析新时代的技术[M]. 宋祖良译.北京:中国社会科学出版社,1993.

[124]尼尔·波斯曼.技术垄断:文化向技术投降[M].何道宽 译.北京:北京大学出版社,2007.

[125]梅其君,王立平.技术与文化关系颠倒的历程与根源 [J].江西社会科学,2016,36(06):40-6.

[126]张双喜.论"敬畏心理"的思维取向[J].广州大学学报 (社会科学版),2015,14(05):5-10.

[127]旷浩源,应若平.社会网络中的技术支持对农业技术扩 散的影响分析[J].安徽农业科学,2012,40(03):1837-9 +42.

[128]封海清.从文化自卑到文化自觉——20世纪20~30年 代中国文化走向的转变[J].云南社会科学,2006(05): 34-8.

[129]杜振吉.文化自卑、文化自负与文化自信[J].道德与文 明,2011(04):18-23.

[130]类娇娇.试析洋务运动时期的反洋务思想[D].长春:吉 林大学,2013.

[131]陈彦君,石伟,应虎.能力的自我评价偏差:邓宁-克鲁格 效应[J].心理科学进展,2013,21(12):2204-13.

[132]赵斌.摩尔定律已经接近物理极限了吗[J].科技导报, 2015,33(10):125.

[133]周桂英.西学东渐对中国文化自信的冲击及其重塑[J]. 湖南社会科学,2012(04):9-12.

[134]刘琦岩,曾文,车尧.面向重点领域科技前沿识别的情报体系构建研究[J].情报学报,2020,39(04):345-56.

[135]克里希那穆提.论恐惧[M].Sue,译.北京:九州出版社,2016.

[136]张成岗.从意识形态批判到"后技术理性"建构——马尔库塞技术批判理论的现代性诠释[J].自然辩证法研究,2010,26(07):43-8.

[137]胡东原.论卢克莱修的科技伦理思想[J].学海,1995(03):28-32.

[138]眭平.技术、技术创新及其横向研究[Z].第三届中国技术史论坛论文集.合肥.2013:435-9

[139]章琰.作为"过程"的技术[J].自然辩证法研究,2004(03):77-81.

[140]潘建伟.潘建伟:努力实现更多"从0到1"的突破[J].山东经济战略研究,2020(11):55.

[141]徐立刚,顾玮玮.论南京大屠杀性质与南京大屠杀死难者国家公祭日设立[J].档案与建设,2015(10):47-53.

[142]张立文.恐惧与价值——论宗教缘起与价值信仰[J].探索与争鸣,2014(08):9-14.

[143]王康.人类基因编辑多维风险的法律规制[J].求索,2017(11):98-107.

[144]曾鹏程.现代科技对人的素质塑造作用研究[D].长沙:湖南大学,2007.

[145]程继红."生于忧患而死于安乐"——论孟子的忧患意识

[J]．江苏工业学院学报(社会科学版)，2006(03)：4-8．

[146]秦书生．生态技术的哲学思考[J]．科学技术与辩证法，2006(04)：74-6+108+11．

[147]王颖吉．媒介演化与社会性格的变迁——基于大卫·理斯曼社会性格理论的媒介学解释[J]．湖南大学学报(社会科学版)，2016，30(01)：122-7．

[148]谢莹莹．Kafkaesque——卡夫卡的作品与现实[J]．外国文学，1996(01)：41-7．

[149]赵玉芳，赵守良．震前生活事件、创伤程度对中学生震后心理应激状况的影响[J]．心理科学进展，2009，17(03)：511-5．

[150]SAYAGO S, BLAT J. An ethnographical study of the accessibility barriers in the everyday interactions of older people with the web[J]. Universal Access in the Information Society, 2011, 10(4): 359-71.

[151]DICKINSON A, EISMA R, GREGOR P. The barriers that older novices encounter to computer use[J]. Universal Access in the Information Society, 2011, 10(3): 261-6.

[152]孙涛，陈红兵，刘炜．网络技术异化的主体根源与重构[J]．东北大学学报(社会科学版)，2013，15(05)：453-8．

[153]KORUKONDA A R. Personality, individual characteristics, and predisposition to technophobia: some answers, questions, and points to ponder about[J]. Information Sciences, 2005, 170(2): 309-28.

[154]解保军.马克思科学技术观的生态维度[J].马克思主义与现实,2007(02):121-4.

[155]薛晓源,刘国良.全球风险世界:现在与未来——德国著名社会学家、风险社会理论创始人乌尔里希·贝克教授访谈录[J].马克思主义与现实,2005(01):44-55.

[156]吴辉.低碳经济环境下的新能源技术发展研究[D].合肥:合肥工业大学,2012.

[157]黄好,罗禹,冯廷勇,等.厌恶加工的神经基础[J].心理科学进展,2010,18(09):1449-57.

[158]赵蕾莲.论荷尔德林的三阶段历史发展模式[J].德国研究,2010,25(02):65-70+80.

[159]霍尔丹,戴开元.代达罗斯,或科学与未来[J].科学文化评论,2011,8(01):29-50.

[160]赖黎捷,李明海.从"人体延伸"到"思维延伸":麦克卢汉与凯文·凯利技术哲学述评[J].重庆师范大学学报(哲学社会科学版),2014(06):99-105.

[161]远德玉.技术过程论的再思考[J].东北大学学报(社会科学版),2003(06):391-3+400.

[162]敬狄.哲学人类学思考技术的第三条路径——奥特加·加塞特如何建构面向生活的技术哲学[J].自然辩证法研究,2017,33(05):20-5.

[163]敬狄.奥特加·加塞特:技术史的哲学人类学解释路径[J].科学技术哲学研究,2017,34(02):58-62.

[164]王阳.图灵测试六十五年——一种批判性的哲学概念分

析[J].科学技术哲学研究,2016,33(02):17-21.

[165]胡宝洁,赵忠文,曾峦,等.图灵机和图灵测试[J].电脑知识与技术,2006(23):132-3.

[166]陈树林.存在的勇气与哲学旨趣——蒂利希对存在的勇气的本体论分析及启示[J].哲学研究,2005(03):92-7.

[167]李超.论蒂利希"存在的勇气"[D].北京:清华大学,2012.

[168]林秀琴.后人类主义、主体性重构与技术政治——人与技术关系的再叙事[J].文艺理论研究,2020,41(04):159-70.

[169]王国豫.技术伦理学的理论建构研究[D].大连:大连理工大学,2007.

[170]赵荃.技术进步与我国食品安全控制系统的完善[D].北京:北京工业大学,2010.

[171]汪斌锋.转型社会的资本速度研究[D].上海:华东理工大学,2014.

[172]赵磊,赵晓磊.世界处在巨变的前夜——一个马克思主义的观察维度[J].江汉论坛,2017(01):20-4.

[173]潘恩荣,阮凡,郭喨.人工智能"机器换人"问题重构——一种马克思主义哲学的解释与介入路径[J].浙江社会科学,2019(05):93-9+158.

致　谢

　　时光飞逝，此书得以面世出版，距离我博士答辩已经过去了 2 年。2 年来，携博士学业期间养成的良好习惯，我持续在学术之路上跋山涉水，上下求索，终究在恐惧和危机的大山上，敲下了"技术恐惧"的一块块小石头，炼石成金，以飨读者和同道。

　　回想当年，唐代诗人贾岛的一首诗是对博士学业的真实写照："两句三年得，一吟双泪流。"从 2018 年 9 月入学到 2020 年 11 月完成答辩，3 年多的博士学业，汇聚成这一份沉甸甸的博士研究，字斟句酌背后，是思想深处的挣扎和斗争，是技术恐惧研究和技术恐惧生活的深度交融。回首博士研究的心路历程，深感一言难尽。

　　2021 年是中华人民共和国成立 72 周年和中国共

产党建党百年，两个庆典带给了全国人民信心和希望，也带给我在技术恐惧研究中更多的信心和力量，并再次点燃我，用爱、勇气、希望把不知不觉沉浸于恐惧旋涡中的我拯救了出来。我曾一度陷入恐惧中不能自拔，甚至影响到我在自己最擅长的危机干预心理培训领域的工作。为了在博士论文间隙抽时间备好危机干预的一堂课，我竟然花了整整一天半时间，自己的思维太过发散，思想犹如脱缰的野马，又如不断延伸的老树根，贪婪地吮吸着更多的营养。可是却一直不开花、不结果，或者类似于小说中所说的"三千年开花、三千年结果"一样。我明明有将近 13 年的专业危机干预工作理论和实践经验，为何连 2 小时的备课都显得如此费力呢？真的是我的能力不够、知识储备不够吗？不是的。这个重要的觉察，犹如狠狠叮了我一口的牛虻，让我重新反思自己，究竟是哪里出了问题，使得做博士研究如此艰难和进展缓慢。后来我终于发现，其实就是自己迷失了，陷入无知的恐惧之中而无法自拔。我失去了对抗和消解恐惧的力量与资源，原本对专业和研究课题的爱，用技术恐惧去帮助和拯救更多人的希望，还有坚信人类可以发明新技术并前进到自然的勇气。在危机心理干预领域，我需要找回我的爱、勇气和希望，同样地，在技术恐惧这个我深深耕耘 3 年的领域里，更需要用爱、勇气和希望来化解技术恐惧，走出恐惧，迎接技术恐惧的正面价值。

家人的爱与陪伴激发我源源不断的前进动力。我将我的工作电脑从卧室搬到客厅再搬到书房，一次次的腾挪辗转，包容并消解着我内心对技术恐惧这一博士研究的焦虑和恐惧。家人更是我坚强的后盾和力量的来源。我往往加班到深夜，孩子幼升小、小升初我都没有工夫管，上学放学也没有时间接送，而家人默默承担了一切，让我不用分心。不时会想起已经去世的爷爷和妈妈，他们一直对我的学业抱有支持和期盼，一直以我为傲，认为我是个优秀的学生，这一切都成为我的动力之源。我曾经在研究生毕业后有勇气拒绝继续读博，而今天在工作近 20 年后更应该有勇气和信心去完成博士学业，拿到博士学位，这背后的动力，不仅仅是自己的追求和努力，更是因为家庭的爱和支持！在我的两个儿子眼里，爸爸是厉害的，怎么会延迟博士毕业呢？我至少应该为成为他们的学习榜样而不懈奋斗！还记得 2020 年除夕夜吃饺子，我吃到了幸运的糖饺子，类似这样的好运背后是亲人和朋友们的祝福和支持，3 年多的积累，化作我不断克服困难而坚定前行的动力，鼓舞我斗志昂扬，坚定地在 2021 年完成博士学业。

导师孔燕教授的严谨和睿智引领着我在学术之路

上乘风破浪。每学期 14 次小组会，每次 3 小时左右，老师都在认真倾听，并分析每个同学的问题和优势，给予每个人个性化的建议，帮助和鼓励大家，既要有学术思想的碰撞火花，更要有对细节的要求和治学严谨的态度，其潜移默化地影响着大家的学术态度和负责任的实践研究。从我的课程小论文到博士大论文，从选题立意到文字校对，每一次与老师的对话都有一种茅塞顿开、醍醐灌顶的感觉。更难能可贵的，是每当遇到很多问题和困难而犹豫不决、畏首畏尾的时候，老师关怀的只言片语和细微行动中，透露出对学生的信任和期待，指点着我重拾信心和勇气。更感谢老师给予机会，让我有机会参与教育部相关科研项目进行历练和成长。

中国科学技术大学科技哲学系的老师们风采照人，徐飞老师浓郁的科哲情怀、史玉民老师的深邃睿智、刘仲林老师的创学精神、程晓舫老师的数学哲学、汪凯老师的幽默活力、王登峰老师的兢兢业业、吕凌峰老师的思想与自由、叶斌老师打开的德国技术哲学之窗、汪捷老师和刘燊老师的热心帮助，以及在组会上领略的诸多老师们严谨治学的品格，让我深感经师风范。

师门兄弟姐妹情同手足。王少硕果累累，为学术榜样；成科的思想深度与表达；昌霞的真情流露；谢宇的国内外研究视角；朱芬的多任务多成果模式启动，一边带娃一边高产出成果。丁飞的勇敢和好学；郑心的开放乐观；孙玲娟选题方向调整透露出的严谨性，以及相对平和的心态；陈玲的显著进步和成长，尤其是在社会心理学会的摘要投稿中对研究思路的精进和凝练。琚砚函的勤奋活泼俏皮，章镇玲的思维逻辑严密性和灵活性；李丹阳的计划性和成竹在胸的自信；李玉玲的兢兢业业，组织工作任劳任怨。后来我回单位一边工作一边学习，依旧可以透过网络，在每周的组会上感受到新加入师门的兄弟姐妹活跃的研究思想，这也不断刺激我反思自己的研究，并养成了更好的研究习惯。还要特别感谢玉玲，在我无法返校期间帮我提交免修英语学分的认证材料以及处理毕业相关工作等。特别感谢与我同寝室的好兄弟谢宇对学习和写作经验的无私分享，很大程度上消解了我对未知的恐惧。尤其记得昌霞对组会的信任和自我展露，让组会温情暖暖，似家庭般的温暖。这种温暖就是爱的力量，孕育着希望，消解着恐惧。

还有很多很多要感谢的人，或许不能一一在此表达，但是我内心充满了对你们的感激。建新老师的关怀和垂询，并在读博期间青专委工作诸多不足的情况下依旧给予我最大的信任和支持。同事付浩杰、金铃和学生钟潇，我们成功地坚持一起加班加点攻坚克难，放弃一个个假期，在 409 办公室里，谱写着消解恐惧的友情力量。感谢陈寒教授和辛勇教授的入学推荐信，感谢沈潘艳老师主动分担我的实践教学工作，感谢单位同事们对 3 年来工作不足的包容和理解，你们的友善和微笑就是消解恐惧的力量。

万语千言，汇成一句话：有你真好，不再恐惧！

因为研究技术恐惧，所以不由自主地回顾了自己的恐惧历程，解剖了自己因对手机和网络游戏的依赖而产生的不同程度的恐惧，观察分析了家里老年人因为使用新手机而产生的焦虑恐惧。也曾一天 24 小时，整天思索着恐惧和技术恐惧，把自己多年的积极心理融合到敬畏思想中，挖掘敬的积极部分和畏的反向作用力过程，整合了恐惧治疗与应对的心理哲学基础，并进一步修正了积极心理"五指模型"来引导建立技术敬畏、人际敬畏、社会与自然敬畏，以及生命敬畏等，终极目标是实现人类更大的福祉，实现幸福。

短短的一篇文章，一个看似普通的研究，一心一意投入钻研，有时候沉浸在恐惧中而不自知，甚至无法自拔的情况也并不少见。尽管有选题确定后的欣喜，以及畅想这项研究的意义和价值而倍感自豪和责任，但是真正提笔写作论文的时候，我时常置身于一种慢性焦虑甚至难以挥去的恐惧之中，尤其是随着报告日期的临近，心理上莫名的恐慌和紧张袭来，发现自己可能躺在床上，可能在梦里，可能在整理杂物琐事，可能沉迷手机游戏——却迟迟无法动笔，无法驶入论文写作和相关研究的轨道上来，幸好虽然困难重重，但终究初心不忘，使命必达。

因为恐惧犹如深渊，也如天幕，深深地笼罩着我，甚至我曾一度表达"我要放弃了"来缓解自己的压力。但是，回避不是应对恐惧的好办法，这对于恐惧丝毫没有驱散作用，我在那样的回避方式中也丝毫没有找到正确的应对路径。

除了博士论文对技术恐惧的研究，我以前研究的团体心理、危机干预技术等，都因为一种未知不确定性被搁置下来或延迟开展，因为一种心理上对论文结果能不能被录用的不确定性，因为不愿意慢下来和深入进去的习惯性方式，以及对可能遭遇的多次、往复修改的痛苦体验。恐惧是过去的痛苦体验在未来的重复体验。抱有信心，平稳度过恐惧的蛰伏期，借助勇气战胜恐惧，实现不鸣则已、一鸣惊人的终极目标。我不断告诉自己，接纳自我，少一点"内耗"，积蓄力量，勇敢前行。

我也常常提醒自己，不要跑得太快了，应该先把恐惧的深层次原因解析清楚，探索不确定性和风险性的心理反应过程。恐惧是基本情绪，恐惧是现象和存在。技术恐惧的价值对于技术而言是正面的，促进技术发展，避免破坏性。对人而言，也有正面性，就是珍惜技术，生于忧患——如果没有技术恐惧，"技术之喜"就会不可控制和蔓延，技术恐惧就是一个约束技术负效应的心理启动过程。

我沉浸在一次次的成瘾危机中，在一次次的技术恐惧中进进出出，反复体验，从中抽离出关于恐惧和技术恐惧的哲学思考。曾一直在恐惧之中，不敢面对挑战，不敢进行项目课题申报，不敢从事教学改革，不敢走出去开展非技术恐惧相关的交流，甚至对技术恐惧本身的交流也有意回避和感到恐惧，比如想要给陈红兵老师和赵磊老师写信，可是却总有一种被莫名的东西束缚着的感觉，或许就是恐惧吧。更重要的是，因为恐惧和受挫，所以动力指向性就不确定，有时候情绪非常高昂，充满了思想火花和交流写作的欲望；有时候却又非常消极无为，就这样思维麻木般一个字也不能写，陷入严重的停滞状态。

有时候，恐惧如同病毒一样在我的工作和生活中肆掠。比如财务报销事宜，我也一直是恐惧的，其转化为对相关人员、相关工作、相关场所等具体物的恐惧，以及自我行为的不断退缩和回避。对于原本计划创办一个社会心理学会，我也是担忧的。对于人际交往，我在内心深处也有一种莫名的恐惧影响着自己的行为。可以说此次真的是积聚毕生的恐惧，将自己投入恐惧的旋涡之中，在无休止的体验中，凝结技术恐惧的研究成果。

如何跳出恐惧的困境？芒福德的巨机器思想中，包含有一套社会性程序，以及背后的压迫、剥夺自由、利益取向、支配性带来的不自由。如何健全技术流程？从根本上分析，是需要技术主体间不断地磨合修正，技术体系的建构者和使用者不断反馈，以爱为基础，以提升勇气和力量、韧性为基础，以改进技术流程为路径，最终实现恐惧消解、工作目标达成，实现技术作为中介或工具真正地服务于人的目的性价值。

就自我而言，在博士论文送外审时，我也曾内心忐忑不安，深知自己论文的不足之处，却又有几分心有余而力不足之感。外审意见陆续传回来了，一个、两个……在第五个意见回来之前，担心自己外审是否通过的不确定性挥之不去。但是自己已经开始调整生活状态，制订运动计划，伴随着内心的不确定性开始同时发生，其实就是对希望的强烈向往。也正是在技术恐惧的研究中，我更好地学会与风险不确定性共存，而不是过度焦虑或恐惧，心中渐渐对最坏的结果有心理预期，反倒获得一种与恐惧共存共处的艺术，提升自己的恐惧应对能力，相对消解恐惧，也就更多地拥抱希望和美好！所幸在评审老师们给出的修改意见中，对研究的意义和价值给予了充分肯定，这一定程度上消解的不仅仅是博士论文外审是否通过的恐惧，更是消解了我对未来继续开展研究的不确定性的恐惧，让我相信自己的研究即使不是完美的，但也一定会有独特的研究价值和意义，这有助于我在未来研究中树立更加强烈和坚定的信心。

所以真正好的、无所畏惧的是希望和需求，是真善美的价值驱动。2008 年，汶川特大地震带来了巨大的伤害，也让无数人笼罩在地震灾难破坏性的恐惧阴影之中。但是与此同时，全国人民被灾难的恐惧激发了英雄主义等积极行为，激发了勇气和爱，义无反顾，一方有难八方支援，不惜万里来到四川，不求回报只讲奉献，就是因为恐惧激发了爱和希望。爱、力量、勇气就是对恐惧的消解，就是对自我的拯救。

在紧张繁忙的技术恐惧研究中，总是穿插着各种心理危机干预工作，尤其是一些自杀案例、疫情危机、爆炸事故发生后对心理危机干预的强烈需求。无法拒绝这些需求，不仅仅是因为心理学本职工作使命的驱使，更是因为我理解到这些危机事故背后隐含着深深的恐惧，而这些恐惧与技术总是或多或少地关联在一起。我希望并且相信借助心理学技术，并结合技术恐惧哲学的分析来进行实践指导，可以更好地理解技术恐惧的价值，探索技术恐惧的消解，借助恐惧的力量和积极启示，让技术更好地服务于人，人类在技术的辅助下获得更多的自由和解放。

　　人生之路总是充满崎岖和坎坷，无论多么艰难，无论外界的压力、焦虑和恐惧带来多大的影响，始终都要坚定地相信爱的力量。回首 40 余载过往，有过儿时吃不饱的饥肠辘辘，有过中学时被冤枉惩罚的委屈，有过大学时在车站被小偷欺辱，有过工作后子欲养而亲不待的遗憾。展望未来美好人生，自己的人生还未过半，以此博士学业作为新的起点，在亲人、朋友的爱的支持和鼓励下，我更相信自己终将一往无前，开启新的人生阶段，成就更好的未来事业！

　　路漫漫其修远兮，我将在技术恐惧研究之路上下求索，勇毅前行！

图书在版编目（CIP）数据

技术恐惧：溯源、演变与价值／王斌著. —成都：
四川人民出版社，2024.5
　ISBN 978-7-220-13380-0

　Ⅰ．①技… Ⅱ．①王… Ⅲ．①技术哲学-研究
Ⅳ．①N02

中国国家版本馆 CIP 数据核字（2023）第 137482 号

JISHU KONGJU SUYUAN YANBIAN YU JIAZHI
技术恐惧：溯源、演变与价值
王　斌　著

出 版 人	黄立新
责任编辑	荆 菁
特约编辑	杨 婧
版式设计	张迪茗
装帧设计	李其飞
责任印制	周 奇

出版发行	四川人民出版社（成都市三色路238号）
网 址	http：//www. scpph. com
E-mail	scrmcbs@ sina. com
新浪微博	@四川人民出版社
微博公众号	四川人民出版社
发行部业务电话	(028)86361653　86361656
防盗版举报电话	(028)86361653
排 版	🐼四川看熊猫杂志有限公司
印 刷	四川华龙印务有限公司
成品尺寸	143 mm×210 mm
印 张	10. 25
字 数	210 千
版 次	2024 年 5 月第 1 版
印 次	2024 年 5 月第 1 次印刷
书 号	ISBN 978-7-220-13380-0
定 价	58. 00 元